AI

類神經╳自適應╳深度學習╳資訊串流

劉通，陳夢曦 著

AIGC 新紀元
洞察 ChatGPT 與 AI 產業革命

從總結重點到畫畫、寫代碼，人工智慧真的無所不能嗎？
ChatGPT 具體優缺點一次看！如何讓 AI 發揮實際功效？
AI 時代人腦還有競爭力嗎？過度依賴機器會有什麼後果？

人類創造了人工智慧，人工智慧改變了傳統產業；
洞悉 AIGC 的無限潛能，走向數位經濟的新高峰！

自　序

　　ChatGPT發布以來，已經在業界引起了不小的轟動效應，人們紛紛驚嘆道，人工智慧技術原來已經可以做到如此像人，再也不是以前人們調侃的「人工智障」了。我對此的態度其實也是一樣，面對資料科學技術的迅速發展感到十分的震驚，同時看到了智慧化產業在未來巨大的價值潛力，也感到異常興奮。

　　自從選擇了資訊管理與資訊系統這個學科，十餘年來，我一直關注現代資訊技術對商業世界，以及對人類組織和社會可能產生的變革作用，並不斷思考著大數據、互聯網、5G、雲端運算、機器學習、深度學習、強化學習這些前沿的技術概念，如何能夠充分地發揮自身潛能，對不同行業領域的企業經營活動施加影響，進而推動一次又一次的產業形態的疊代與進化。

　　透過多年對數位化轉型話題的前瞻技術研究和產業實踐，我不斷地認識到資料科學的進步對資料與企業關係的塑造性意義。

　　早先，技術改變世界的方式，主要是依賴於各種不同類型的

管理資訊系統。人們透過資料庫的資訊互動以及網路通訊設備，把人和業務活動串聯起來，提高業務的線上化和自動化水準。這個時代階段的資訊技術應用，仍然是以人為主、技術為輔的方式，資訊系統作為日常的操作工具，目的是提升人們的辦公效率，提高管理經營能力。這個階段的企業技術變革一般稱為資訊化，OA、MIS、ERP這些概念都是這個時代的產物。

隨著電腦資料處理能力的提高，人們開始關注對資料的分析和資料的應用。在資訊化階段基於業務線上化累積的資料資源，逐漸開始發揮出獨特的資訊價值。資料倉庫、資料中臺、資料湖均是這個時代的技術主角，各種不同的資料平臺被設計和建設出來，用於資料資源的管理以及資料資產的高效開發。人們關注透過電腦模型和演算法，自動從資料中提取有價值的業務結論，有效地指導前端各種複雜的業務需求。從資料生成到資料應用，企業實現了從資訊化到數位化的躍遷進步。

接下來，隨著人們對資料應用能力和深度的不斷增加，企業開始把精力放在各種資料建模相關的工作中，探索基於資料模型的預測、推薦、預警等更高級形態的技術應用場景。在資料模型中，蘊含了大量寶貴的從原始資料中提煉出的高價值業務知識，透過把模型集成到資料服務中，這些知識可以無縫嵌入各種前端應用，替代人開展具體的業務活動。在這個階段，資料的價值不僅是輔助人的業務活動，而且透過其所繼承的人類「智慧」，為人們提供優質服務，甚至在某些細分場景中做到「超越」人的效

果。這個階段的企業變革，是深度數位化實踐的體現，同時也是一場關於智慧化的能力轉變。

企業對資訊技術的應用方式與資料科學的智慧化發展水準是相輔相成的。伴隨人工智慧技術的不斷發展，資料對於企業發展的意義也在不斷擴大。人們可以使用更豐富的技術手段來發揮 e 的價值，讓資料為企業的管理和營運活動全面賦能。

以 ChatGPT 為代表的 AIGC 技術的「風靡」更加印證和詮釋了這一觀點。AIGC 技術與傳統 AI 不同，其演算法不僅可以做到理解資料，還能自動合成資料。資料科學技術在這一方面的能力提升對於整個資訊科技產業來說簡直是一個顛覆性的變化。

早些年我對文本摘要技術進行過研究，曾經切身地感受到過機器自動合成文本資料是多麼的困難，生成式的文本摘要技術經常產生「粗製濫造」的結果。然而，僅僅過了幾年的時間，隨著預訓練大模型的出現和普及，機器不僅能夠自由寫作，還能夠繪圖、說話、合成影片、自主進行 3D 建模。以前只有人類能進行創作，現在機器也能自由地創作出各種有趣的以及有價值的作品。AI 技術的發展讓機器的業務能力得到了進一步的提升。

在更高的科技智慧水準下，我們需要重新定義資料的價值，更加重視資料治理和資料公共平臺建設，促進資料合規與資料安全，繼續加強資料產業的合作與創新。從 ChatGPT 的「現象級」流行背後，我們不僅要洞察到 AIGC 技術板塊的成熟化趨勢，同

時也要開放地構想「新一代」AI技術框架下，企業的數位化轉型工作如何更可靠穩定地落地，為數位產業和數位經濟的未來「理想」賦予更加深刻的具體內涵。

寫在前面的話

在 ChatGPT 之前，以 GAN、Diffusion 為代表的 AIGC 技術，就已經在產業各界形成了非常豐富的應用場景。人工智慧不僅可以生成文字，還可以創作圖片、音訊、影片、3D 模型、代碼，自動生成各式各樣的內容。人工智慧技術從理解資料，到產生資料，實現了整體能力的質變升級。機器可以自動生成內容，這件事對人類來說，是一種非常新穎的資訊技術表現形式，也意味著以資料驅動的業務創新有了更多的落地可能性。

當今前沿的 AIGC 技術內核大多依賴於預訓練大模型，而大模型的底層架構又是深度學習技術。近 10 年來，深度學習主導了多次重大的人工智慧顛覆性變革，這一次 ChatGPT 的出現也是一樣，與強化學習相融合造就了非常「類人」的智慧互動引擎。大模型的廣泛普及是深度學習技術在演算法和算力的驅動下，發展到一定程度的技術結晶產物。大模型的基本思想打破了傳統人工智慧框架下，「更多人工，更多智慧」的低效創新邏輯，遵循的是「更多資料，更多智慧」的健康智慧化發展理念。

AIGC的發展和流行，提升了人類透過資料認知世界，改變世界的能力，同時也再一次突出強調了資料要素對於產業創新的獨特價值和意義。2022年，是AIGC技術元年，國內外均出現了非常多的代表性技術成果。頂級的人工智慧廠商紛紛入局AIGC技術的基礎研發和應用場景創新，各個行業領域也都「嗅到」了AIGC技術可能帶來的產業變革機會。

　　在資料科學的技術創新方面，互聯網企業、研究所、大學等多方產業主體已經形成了緊密的聯動、互動，從實際應用需求出發，在演算法、模型、理論、工具上不斷推陳出新，湧現出具有影響力的科技成果。對人工智慧的技術研發方向，逐漸從感知智慧向認知智慧的方向過渡和加強，快速覆蓋到電商、文化、傳媒、教育等更多具有經濟價值潛力的市場應用場景。

　　這是一本關於AIGC的前瞻技術科普著作，筆者以ChatGPT為背景切入點，從資訊編碼、解碼的獨特視角，介紹了AIGC技術特色、基本原理和應用價值，也詳細、系統地剖析了ChatGPT的技術實現方法。本書結合人工智慧三大流派的技術體系發展脈絡，探討了AIGC的核心技術理念，幫助讀者更加深入地理解機器獲得智慧，呈現AI的底層邏輯，精準洞察未來智慧化技術的發展趨勢和產業化落地方向。

　　除此以外，本書還反思了AIGC技術可能帶來的諸多爭議性社會問題，例如，AIGC對職業替代的壓力，AIGC技術對教育公平的影響，以及AIGC技術因為造假、危害言論等引發的道德和

倫理問題。最後，本書暢想了以預訓練大模型為中心的「下一代」AI技術概貌，討論了AIGC與企業數位化轉型的關係，從資料獲取、資料分析、資料生成等不同角度，闡釋了基於AIGC技術的更高級數位化應用場景構想，為企業智慧化產業應用提供了更多啟發性、建設性、革命性的實踐創新思路。

前　言

2022年，Open AI發布了震驚世界的ChatGPT——一款通用人工智慧對話機器人。這款機器人和以前的智慧助手不一樣，在整個互動過程中，不管是流暢程度還是擬人程度，都已經做到和真正的自然人非常相像。

ChatGPT不僅可以和人天南海北地閒聊，還能面對不同稀奇古怪的提問，機智靈敏地給出巧妙的回答，時而像是善解人意的朋友，時而像是無所不能的專家，時而又像是一位經驗豐富的前輩。在僅僅2個月的時間內，ChatGPT就以其強大的技術魅力征服了廣大人群，活躍使用者規模迅速飆升至1億。

ChatGPT的火爆流行，再度引起了產業各界對人工智慧技術的關注和反思。就像2016年AlphaGo戰勝國際圍棋大師李世石的那場壯舉一樣，這次人工智慧再一次掀起了一場酣暢淋漓的技術革命。如果說AlphaGo是人工智慧在精度上戰勝了人類，那麼類似地，可以把ChatGPT的成功看作是人工智慧在廣度上向人類發起的挑戰。

ChatGPT 的技術內核是 AIGC，全稱為 **AI Generated Content**，強調透過人工智慧技術自動生成數位創作內容。

AIGC 與傳統主流 AI 的差異在於，其重點不是在於對資料的分析，而強調對資料的合成。AI 的技術功能價值從分析走向生成，意味著資料科學學科的發展邁向了更高一層「境界」——人工智慧不僅可以做到理解世界，還能基於對世界的認知反過來改造世界。

當下，我們要以 ChatGPT 為契機，重新審視 AIGC 的技術價值，以及其對各個主流行業數位化和智慧化升級的重大意義。

AIGC 的具體技術形式是多樣的，ChatGPT 只是它在語言類應用下的集中表現。AIGC 可以生成的內容類型涉及文本、圖片、音訊、影片、3D 模型、代碼、流程等。早在 ChatGPT 出現之前，在不同模態的資料生成領域中，AIGC 就已經形成了許多價值不菲的 AI 應用模型成果。

隨著 AIGC 技術的發展，如今已經形成了很多成熟的應用產品，在想像力、創造力、互動能力、檢索能力、內容輸出效率等多個方面，替代人或幫助人完成各項特殊的任務，賦能 C 端的產品應用創新和 B 端的企業數位化轉型。對於 C 端應用，AIGC 的價值主要集中在文化、消費、遊戲等行業領域，對於 B 端應用，AIGC 則極大地促進了企業側使用者對資料資源的綜合利用率，並提高了文字資訊的輸出效能。

技術原理上，AIGC 的「優異」成績得益於預訓練大模型的發展。

所謂預訓練大模型，就是基於巨量資料構建的具有超大參數規模的深度學習 AI 模型。面對不同行業的實際業務需求，可以在預訓練大模型上進行參數微調，快速構建出具有實用價值的技術應用。和傳統 AI 模型相比，大模型的通用性、廣義化性更好，對前端智慧化業務場景的支援也更加有效。

中國百度、騰訊、華為等頭部技術企業和機構利用自身豐富的資料資源優勢和強大的算力優勢，已經率先發力，構建出了前沿的大模型技術底座，然後將這種「高級、精密、尖端」的數位應用能力向產業各界源源不斷賦能。這種預訓練加微調的 AI 建設實施方式，有效地降低了企業獲取通用 AI 能力的技術門檻，並推動全社會的數位科技產業全面升級。可以認為，大模型已經成為人工智慧領域中下一個關鍵的競爭「賽道」。

自 ChatGPT 出現以來，人們樂此不疲地開展各種 AI 測驗實驗，想看看人工智慧到底發展到了什麼程度。儘管有時候 ChatGPT 會犯傻，有時候也會出言不遜，甚至會像短路似的敷衍使用者，但總體而言作為一個機器它已經做得很好了。至少在整體的功能表現上，它已經大大超出了人們對 AI 演算法的預期。

注意到 ChatGPT 背後 AIGC 技術帶來產業機遇的同時，也要警惕技術變革中伴隨而來的社會問題和道德風險。

當下，人們需要一種審慎的對待技術的態度，和諧地處理

好人和機器之間錯綜複雜的關係。關於AIGC，很多技術發展的衍生問題已然初露端倪，比如教育作弊、資訊造假、惡意言論，以及身分歧視等。

當下一個不爭的事實是，技術的問題不僅要在技術上解決，還要從觀念上來解決。不斷優化演算法讓AIGC生成的內容更加友好，的確是一個不錯的問題解決思路，但更關鍵的是，人們也要懂得認真反思自己，比如如何合理地規劃自身的職業發展，以及如何重新面對下一代的教育工作。隨著數位經濟概念內涵不斷豐富，企業數位化轉型步入深水區，AIGC技術將創造出多種多樣的產業應用機會。

未來，人們將會面對更多來自技術迅速發展的挑戰，我們的智慧化技術不光要「幹得好」，還要「用得好」，我們的眼光要超越ChatGPT聊天工具本身，兼顧風險與危機，重新詮釋和探勘AIGC技術不可估量的綜合價值潛力。

目　錄

第一章　智慧創造：AIGC如何重塑未來互聯網　／ 001

第二章　演算法奇點：深度學習的崛起與革新　／ 043

第三章　強人工智慧之路：大模型引領AI時代　／ 085

第四章　AI商機：AIGC產業應用與前景　／ 133

第五章　AI衝擊：變革、焦慮與反思　／ 173

第六章　征途未來：AI經濟與AIGC的新篇章　／ 211

第一章

智慧創造：

AIGC如何重塑未來互聯網

一夜之間，聊天機器人ChatGPT橫空出世，瞬間洗版各大社群媒體，其憑藉強大的對話功能和資訊整合能力，迅速引發了全球關於「AI革命」的討論熱潮。從引爆藝術圈的AI繪畫到接近人類水準的聊天機器人ChatGPT，AIGC技術以其強大的內容生成能力驚豔了世界。AIGC無疑是一種生產力的變革，代表了AI技術發展的新趨勢，實現了人工智慧從感知理解世界到創造世界的能力躍遷，推動了人工智慧的下一個發展時代，拉開了AI產業革命的新序幕。

ChatGPT：橫空出世的AI巨擘

ChatGPT，仿似突然一夜就火了。身邊的朋友、客戶、老闆、自媒體知識部落客，甚至計程車司機，都可以跟你聊上兩句，感嘆科技的發展速度和人工智慧的獨特魅力。

「ChatGPT出現的意義，不亞於互聯網和個人電腦的誕生。」前世界首富、微軟創始人比爾蓋茲這樣評價道。

「ChatGPT很驚人，我們離強大到危險的人工智慧不遠了。」現世界首富、OpenAI創始人、特斯拉CEO伊隆·馬斯克也盛讚了ChatGPT的出色表現。

ChatGPT是什麼？它為什麼會受到眾多知名商界人士的青睞和關注？ChatGPT到底做了什麼讓眾人「驚掉下巴」的壯舉呢？

ChatGPT是由OpenAI公司在2022年11月30日發布的一款聊天機器人模型（見圖1-1）。ChatGPT的演算法模型包括1750億個參數，在其構建過程中，使用了約45TB規模的資料進行模型訓練，爬蟲了近兆單字的文本內容，約等於1351萬本牛津辭典。據統計，ChatGPT的總算力消耗約為3640PF-days（即每秒一千兆次計算，需要運行3640個整日）。可以說，擁有海量知識的ChatGPT宛如一個「與時俱進」的智庫。

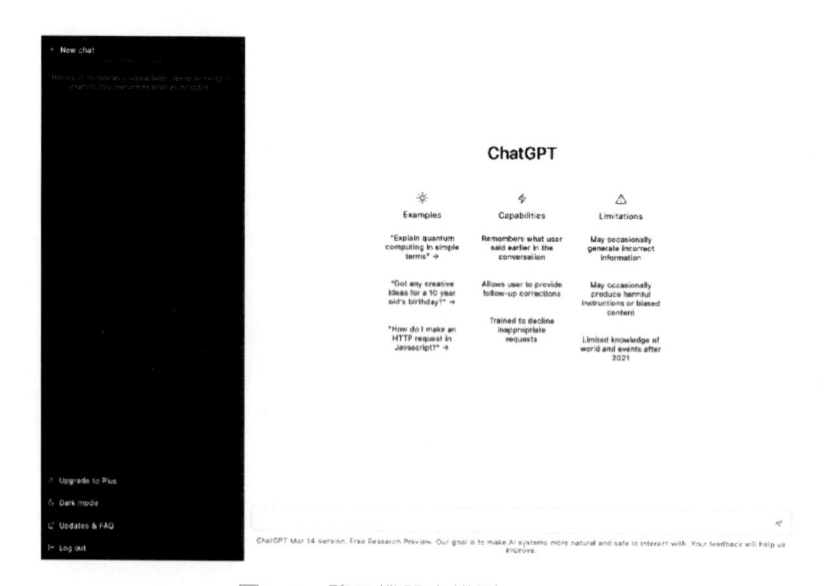

圖1-1 聊天機器人模型ChatGPT

ChatGPT以光速走紅全網，人人都想對話「頂流」。透過登入OpenAI網站，使用信箱和手機號驗證，使用者便可成功註冊ChatGPT帳號，整個過程既方便又快捷。之後，使用者只要以文字的形式在對話框內輸入問題，就能得到詳細的回答，ChatGPT

提供的資訊互動服務免費且友好（見圖1-2）。由於其在各種對話互動處理中出色的效能表現，ChatGPT自上線之後僅一週的時間，全球的使用者數量就已突破百萬大關。

隨著使用熱度的不斷攀升，ChatGPT上線2個月，月活躍使用者又突破一個量級，超過了1億。「1億」並不是小目標，達到這一數字，Google用了近一年，Instagram用了2.5年，WhatsApp用了3.5年，Facebook則用了4.5年。ChatGPT的使用者數量快速擴大，被一致地視作未來人工智慧在使用者經驗方面的領先者。

圖1-2　ChatGPT登入介面

• ChatGPT到底「狂」在哪兒

與蘋果Siri和微軟小冰不同，ChatGPT是一款基於人工智慧技術驅動的自然語言處理工具，它能夠透過學習來理解人類語

言再進行對話，可以像人類一樣自由聊天交流，有問必答，從容應對。ChatGPT仿似一個「萬事通」，知無不言，答無不盡。這種神奇的人機互動體驗勾起了人們絞盡腦汁向ChatGPT提問的熱情。

為什麼與ChatGPT的對話過程總是令人驚喜不斷？

我們可以看看，作為一個高科技技術產品，它到底具有哪些優秀的技術特性和功能特性。我們先來展示ChatGPT的優秀「應答」作品體驗一下（見圖1-3、圖1-4）。

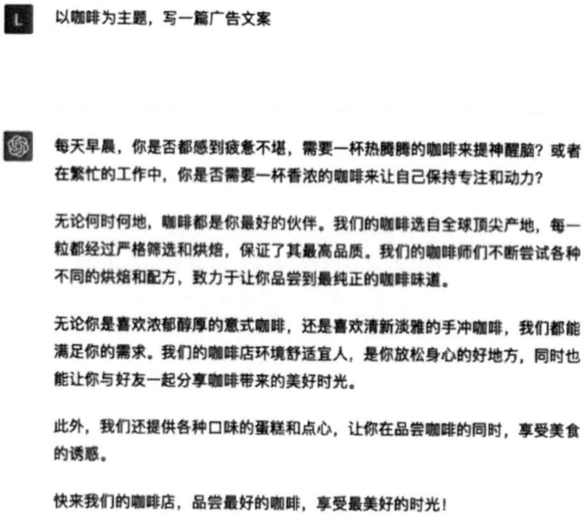

> 以咖啡为主题，写一篇广告文案

> 每天早晨，你是否都感到疲惫不堪，需要一杯热腾腾的咖啡来提神醒脑？或者在繁忙的工作中，你是否需要一杯香浓的咖啡来让自己保持专注和动力？
>
> 无论何时何地，咖啡都是你最好的伙伴。我们的咖啡选自全球顶尖产地，每一粒都经过严格筛选和烘焙，保证了其最高品质。我们的咖啡师们不断尝试各种不同的烘焙和配方，致力于让你品尝到最纯正的咖啡味道。
>
> 无论你是喜欢浓郁醇厚的意式咖啡，还是喜欢清新淡雅的手冲咖啡，我们都能满足你的需求。我们的咖啡店环境舒适宜人，是你放松身心的好地方，同时也能让你与好友一起分享咖啡带来的美好时光。
>
> 此外，我们还提供各种口味的蛋糕和点心，让你在品尝咖啡的同时，享受美食的诱惑。
>
> 快来我们的咖啡店，品尝最好的咖啡，享受最美好的时光！

圖1-3　ChatGPT撰寫咖啡主題的廣告文案

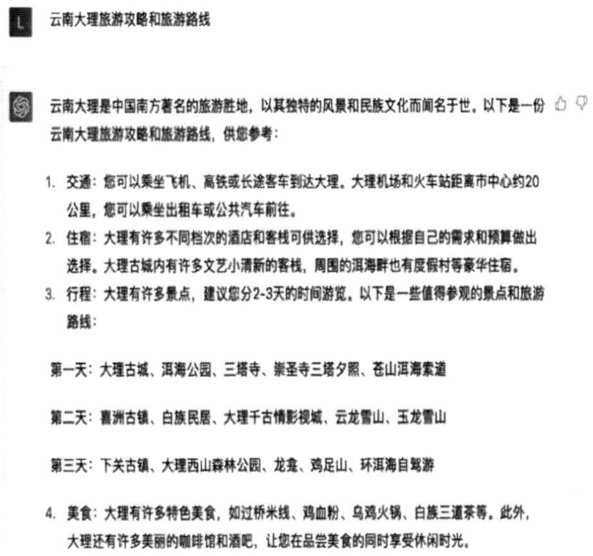

第一章
智慧創造：AIGC如何重塑未來互聯網

```
云南大理旅游攻略和旅游路线

云南大理是中国南方著名的旅游胜地，以其独特的风景和民族文化而闻名于世。以下是一份
云南大理旅游攻略和旅游路线，供您参考：

1. 交通：您可以乘坐飞机、高铁或长途客车到达大理。大理机场和火车站距离市中心约20
   公里，您可以乘坐出租车或公共汽车前往。
2. 住宿：大理有许多不同档次的酒店和客栈可供选择，您可以根据自己的需求和预算做出
   选择。大理古城内有许多文艺小清新的客栈，周围的洱海畔也有度假村等豪华住宿。
3. 行程：大理有许多景点，建议您分2-3天的时间游览。以下是一些值得参观的景点和旅游
   路线：

   第一天：大理古城、洱海公园、三塔寺、崇圣寺三塔夕照、苍山洱海索道

   第二天：喜洲古镇、白族民居、大理千古情影视城、云龙雪山、玉龙雪山

   第三天：下关古镇、大理西山森林公园、龙龛、鸡足山、环洱海自驾游

4. 美食：大理有许多特色美食，如过桥米线、鸡血粉、乌鸡火锅、白族三道茶等。此外，
   大理还有许多美丽的咖啡馆和酒吧，让您在品尝美食的同时享受休闲时光。
```

圖1-4　ChatGPT撰寫旅遊攻略

與傳統的AI對話機器人相比，ChatGPT有更強大的語言理解能力和更豐富的語言表達能力，能夠生成更自然、更流暢的資訊。除此以外，ChatGPT還可以回答形式上更加複雜、結構上更加豐富的問題，極大地提高了AI在人機對話任務中的準確度和可控性。

同時，ChatGPT還能夠辨識使用者表達背後更加「真實」的意圖，並尋找能夠令人滿意的任務解決方案，表現得更加善解人意。ChatGPT不再是一個機器人，而是一個管家，一個朋友，一個得力助手。它的「天才」之處不在於有多麼獨特創新的想法，而是能有多麼自然的，和人類一樣的回覆。

當前，來自全球各地的人們都在用刁鑽的問題「調教」

ChatGPT，試圖難倒這個「最強大腦」，也想看看它究竟可以多像「人」。

但顯然，ChatGPT真正做到了「讀書破萬卷，下筆如有神」。ChatGPT不僅可以準確地理解世界上不同語言的提問，通曉古今歷史，快速回答使用者問題，還能自動辨識問題中的事實性錯誤，擁有想像力和價值判斷能力。其強大的記憶力還能很好地記住使用者的偏好和對話內容，給出合理且迎合提問者心理的答案。它不再和過去的傳統AI語音助手一樣，只能執行簡單「一問一答」的機械式對話，而是能夠結合整個上下文溝通場景，保持連續的資訊互動。

現在很多人在熱議的一個話題是，ChatGPT的回答可靠嗎？

ChatGPT聊天可以直奔主題、開門見山，也能由淺入深、由表及裡。當被問到一些嚴肅性話題和解決方案時，ChatGPT的回答邏輯合理、用詞到位，清晰、直觀、迅速的表達方式和反應過程令人拍案叫絕，回答的內容也更加全面。

當然，ChatGPT作為一個機器學習模型，雖然在訓練資料的範圍內具有很高的準確率，但並不能保證它的回答最終是100%正確。我們看到，ChatGPT採用AI演算法自動生成的自我介紹實際上也是十分坦誠地給出了相應的回答：「能記住早些時候的對話，可以根據使用者的提示更正回答方向，但偶爾也會出錯，資料庫的即時性有待考量」。

ChatGPT具備辨識非法和偏見的機制，能夠在回答問題時主

動承認錯誤、質疑不正確的前提條件，以及針對不合理的提問直接拒絕回答。如我們向ChatGPT提問「你能幫我通過考試嗎」，ChatGPT會善意地提醒使用者不要利用它作弊，並表示「測驗的目的是評估你對材料的理解和掌握程度。作弊，或者僅依靠像我這樣的外部來源，會破壞考試的價值，也不會促進學習或成長」。

• ChatGPT不僅僅是聊天機器人

如果你認為ChatGPT僅具備最基礎的問答功能，那真是低估了ChatGPT的本領了。ChatGPT可謂是「十八般武藝」樣樣精通，ChatGPT的表現形式是聊天對話，但是它的本質用途是生成有價值的資訊。ChatGPT由於強大的語言理解能力，可應用於多種面向具體產業應用的對話問答場景：

比如，在電商行業，ChatGPT可以針對商品問題和物流問題提供專業的智慧客服服務，及時解答消費者的購物疑慮，提高消費者的購物體驗；在醫療領域，ChatGPT可以進行線上問診，極大地緩解醫療資源匱乏的痛點；在旅遊服務領域，ChatGPT可以為旅行者推薦滿足使用者個性化需求的服務和產品，並提供善解人意的旅行路線方案。

再進一步，作為對話式的大型語言模型，如果把模型輸出結果稍微變化一下，將其從自然語言修改配置為特定的機器語言（編程語言），那麼ChatGPT還可以看作是強大的編程機器人。利用ChatGPT「掌握」的編程相關基礎知識，ChatGPT可以成為一名

優秀的軟體工程師，根據使用者的需求進行編程或代碼除錯，大幅提升軟體專案的實施效率，改善使用者編程活動的產出品質（見圖1-5）。

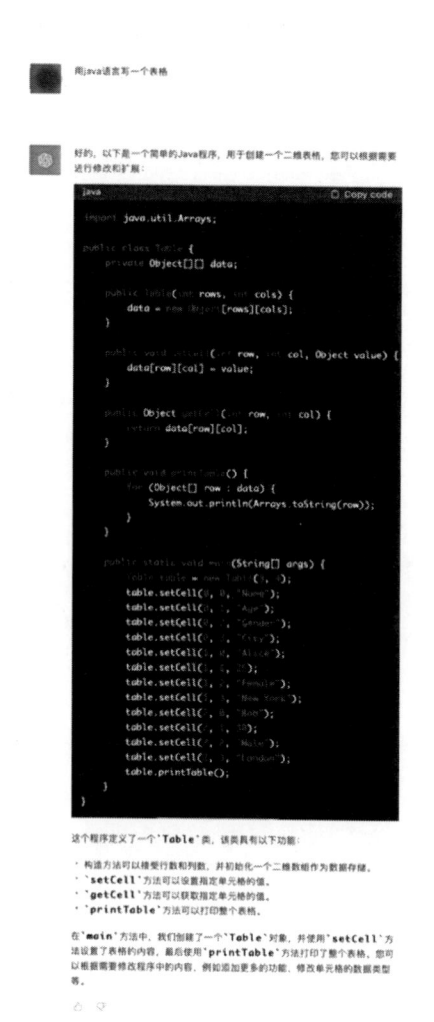

圖1-5　ChatGPT使用Java語言寫代碼

第一章
智慧創造：AIGC如何重塑未來互聯網

接下來，更加廣闊的、具有想像空間的任務領域是AI創作。ChatGPT具備強大的文本內容創作能力，既是詩人，也是作家，不僅可以進行創意寫作，比如詩歌、新聞、小說，以及論文的撰寫，也能進行命題寫作，比如風格模仿、文本續寫和主題擬定等任務（見圖1-6）。除此以外，ChatGPT還可支持摘要生成任務。

> 寫一首七言絕句，主題是詠梅

> 枝頭傲雪凌蒼穹，獨自綻放傲寒風。
> 清香四溢遍山谷，臘月芬芳盛不同。

圖1-6　ChatGPT撰寫關於「詠梅」的七言絕句

如果把ChatGPT的應用思路繼續拓展，讓ChatGPT輸出的結果作為一個中間變數輸入其他面向多媒體資訊處理的人工智慧模型，還能生成更豐富的內容形式。例如，ChatGPT和另外一個非常有名的AI演算法模型Stable Diffusion進行聯合使用，可理解自然語言形式的控制指令，生成藝術性極強的畫作。

ChatGPT不僅能理解人類的問題和指令，流暢地展開多輪對話，實現AI創作，也在越來越多領域顯示出解決更高難度問題的能力。當前，ChatGPT已經輕鬆通過了一些難度較高的專業級測驗，例如Google編碼L3級（入門級）工程師測驗和美國執業醫師資格考試。此外，ChatGPT還分別以B和C+的成績通過了美國賓州大學華頓商學院MBA的期末考試以及明尼蘇達大

學四門課程的研究生考試。

ChatGPT的誕生被形容是人工智慧時代的「榮耀時刻」，同時也意味著人工智慧迎來了革命性轉折點。

• ChatGPT引領下一代技術革命浪潮

ChatGPT的成功不僅是聊天機器人方向的技術突破，更應將其視為人工智慧乃至智慧產業的革命。ChatGPT作為一項優秀的人工智慧演算法模型，可以幫助人類顯著地提高資訊獲取效率、價值創造的效率，乃至整個世界的數位化進程。

ChatGPT與不同的資料科學技術結合都會產生令人著迷的深度融合創新形式。ChatGPT不是一個獨立的技術，可以賦能當下幾乎所有「時髦」的技術產品。

在互聯網領域，ChatGPT與搜尋引擎結合，能夠如助手一般自主解釋和拆解查詢關鍵字，有效地提升搜尋結果的相關性和準確性，為使用者提供內容和呈現形式更加貼切的資訊；ChatGPT與OA辦公軟體結合，可以認真領會「老闆們」的要求，作為一個聽話的小祕書，完成各種文字處理任務，提高各類事務的辦公效率；另外從人機互動的角度看，ChatGPT體現的是一種基於自然語言的對話方式，透過與元宇宙、數位人等技術產業相結合，能夠高效地豐富數位世界的資訊內容。

高度擬人化的特徵、準確的意圖辨識、靈活適當的回應機制，使得ChatGPT迅速成為當下AI聊天機器人的技術「天花板」。互

第一章
智慧創造：AIGC如何重塑未來互聯網

聯網大廠也紛紛打起萬分精神，全身心投入以AI為中心的時代角逐，人工智慧和AI互聯網的下一個十年浪潮即將到來。

在海外，微軟已經把ChatGPT看作新一代的技術先驅，將ChatGPT整合到了Bing搜尋引擎、Office全家桶、Azure雲端服務、Teams程式等多個主流的技術產品中；科技大廠亞馬遜，也開始嘗試大規模在企業管理活動中添加AI元素，例如在各個HR職位管理活動中使用ChatGPT強大的文字生成能力，其中包含回答面試問題、創建培訓文件等關鍵的業務功能。

在中國，很多技術廠商開始關注對ChatGPT的國產化替代，自主研發ChatGPT的國產化產品以及相應的前沿數位化應用。

當前，百度已經宣布推出了類ChatGPT的大模型專案「文心一言」（ERNIE Bot），該產品可以支持多答案回覆、AI文本生成等重要的自然語言處理任務；字節跳動的人工智慧實驗室也已開展了對標ChatGPT的相關研發工作，未來或為其旗下VR終端品牌PICO提供技術支持；京東雲旗下言犀人工智慧應用平臺計劃推出產業版的ChatGPT——ChatJD，該產品的主要應用場景將面向內容生成、人機對話，以及使用者意圖理解。

不僅是互聯網大廠，很多新興的技術公司也緊跟技術潮流，將ChatGPT融合到現有的產品規劃中。例如，智慧駕駛領域的毫末智行，已經宣布將ChatGPT的模型和技術邏輯全面應用到自動駕駛認知大模型中，把ChatGPT的技術概念升級為DriveGPT，譜寫了AI的新內涵。

我們看到，ChatGPT 的誕生代表人工智慧發展到了一個更新的高度。機器在更大程度上學習和繼承了人類的智慧，仿似是更像人的機器人被創造出來，無論是學界還是產業界，都對 ChatGPT 的技術前景寄予厚望。隨著 ChatGPT 驚豔四座、火爆出圈，AI 技術的發展產生根本上的變化，把創新能力投射到廣闊的互聯網上，由此充分引燃了 AI 從業者的夢想與熱忱。

然而，當我們關注到 ChatGPT 的獨特魅力時，還要看到在其背後有一個更加重要的技術概念，就是 AIGC。AIGC 的全稱是 Artificial Intelligence Generated Content，也就是人工智慧產生的資訊內容。

可以說，ChatGPT 本質上就是 AIGC，是 AIGC 的一種前沿、具體的產品表現形式，其資料模型產生的是文字類型的資訊。實際上，除了 ChatGPT，還有更多的 AI 演算法模型能夠根據人們不同的需求產生各式各樣的數位內容，有文字、圖片，還有影音、3D 模型。ChatGPT 的出現讓我們洞察到了下一代 AI 的大方向，而 AIGC 則將是這裡真正的技術主角。

AIGC 的崛起：從 AI 藝術品到產業革命

2022 年 8 月，在美國科羅拉多州舉辦的數位藝術家競賽中，一幅名為《太空歌劇院》的畫作獲得了數位藝術類別的冠軍。但

這一絕美的畫作並沒有讓藝術家們心服口服，反而引起了巨大的爭議，眾說紛紜的源頭在於這幅冠軍作品並非作者親自繪畫，而是使用AI演算法繪圖工具Midjourney替代完成的（見圖1-7）。

圖1-7 獲獎藝術作品《太空歌劇院》

生成來源：Midjourney。

人類藝術家憤怒了。藝術家們表示，使用AI生成影像是在使用高科技手段作弊，這些畫作也不能被稱為藝術作品。「AI畫作作弊」這一話題的爭議在世界範圍內迅速發酵，登上了海內外的網路熱搜。

如果說AI繪畫第一次讓使用者感受到了AIGC的獨特魅力，那麼ChatGPT的橫空出世則更加令世人為之震驚。AI創作的強勢崛起，正式地讓全世界看到了AIGC的真正實力。

• 被ChatGPT帶「火」的AIGC

　　AIGC作為新的生產力引擎，透過AI演算法，批量、自動化地生產內容，生成的內容形式豐富多樣，文本、影像、音訊、影片，甚至3D模型和代碼都能「信手拈來」。基於AIGC模型的創作速度、創作品質、創作成本，以及創作的傳播效應，都遠遠超過傳統的內容生產方式。

　　ChatGPT雖然只是AIGC商業化落地的一個分支，但卻是讓人們最「震撼」的一個壯舉，因為它具備了「人性思維」。GhatGPT似乎能夠理解文本的更深層次含義，連續流暢的對話回饋和對錯誤的及時糾正，都暗示著AI擁有更高的「情商」和「心智」。AI生產出的內容不再是機械化的固定腳本，而是真正可以產生共鳴的交流內容。AIGC也從遙遠抽象的概念逐步轉變為生動形象的產品形式，給人們帶來「流連忘返」的豐富體驗。

　　「AIGC將顛覆現有內容生產模式，可以實現以十分之一的成本，以百倍千倍的生產速度，創造出有獨特價值和獨立視角的內容」，百度董事長兼執行長李彥宏在2022世界人工智能大會上如是說。

　　過去，AI只能協助人類完成內容生成中最簡單、最基礎的部分工作，無法獨立生成內容，更不要提優質的輸出內容。如今，這一情況正在因AIGC生成模型的開源應用而被打破，AI技術也因此實現了「進化」。

第一章
智慧創造：AIGC如何重塑未來互聯網

2022年是AIGC生成模型奇幻發展的一年，科技領域人士和專業學者發表了一系列引人注目的相關論文。其中，人機對話方面誕生了如雷貫耳的ChatGPT，DreamFusion模型生成了不可思議3D模型，Stable Diffusion創造了超現實主義藝術AI繪畫，Make-A-Video則迎來了從文本生成影片的突破。

AIGC豐富的想像力和驚為天人的創作能力，都是基於大量的資料標註和模型訓練生成的。卷積神經網路和Transformer大模型的流行成功地使深度學習模型參數量躍升至億級，OpenAI更是收集了4億個文本影像配對，在45TB的資料量上完成了浩大的「預訓練」參數計算任務。巨量資料的不斷疊代推動了AIGC發展的進程。

正是有了巨量資料的加成，藉助寶貴的語料庫資源，AIGC得以在內容創作方面擁有了無限的思維靈感。同時，AI工具仿似是超級畫手或作曲家，能夠模仿特定的藝術家，生成指定風格的影像、音樂或影片。未來，AIGC技術在時間短、規模大、風格多等技術特點上的融合趨勢將進一步得到加強。

擁有一定程度的認知和互動能力，是AIGC技術發展的重要趨勢。開發者使用代碼的輸入輸出解釋人與電腦進行互動的底層邏輯，而使用者則使用智慧終端和網路平臺實現人機互動與互聯通訊。AIGC的出現為人與機器之間的溝通帶來了更多可能，其利用自動問答、視覺辨識等技術實現了更加多元化的人機互動效果。

巨量資料、內容創造力、認知互動，三者共同驅動著機器

的AI創作活動，讓AIGC成為「新一代」不可替代的內容生產方式。AIGC以其在人工智慧領域的重要成果，被Science評為2022年度科學十大突破，其底層技術和產業生態已經形成了新的格局。

2022年被稱為AIGC元年，迅猛的全新的AI發展已成不可逆之勢。

• AIGC的前世今生

穿越歷史週期，結合人工智慧的歷史演進，AIGC的發展大致可以分為四個階段：

早期萌芽階段（1950年代至1990年代中期）

20世紀中後期，受限於當時的電腦水準，AIGC技術僅限於小範圍實驗。當時，AIGC主要應用在創作音樂、簡單的對話機器人和語音打字機等領域。

萊杰倫・希勒與倫納德・艾薩克森在1957完成了歷史上首支由電腦創作的音樂作品《伊利亞克組曲》。1966年，約瑟夫・維森鮑姆和肯尼斯・科爾比共同推出了世界上首款人機可對話機器人Eliza，透過關鍵字掃描和重組來進行互動。在1980年代中期，IBM基於隱藏式馬可夫模型創造了語音控制打字機「坦戈拉」。然而在20世紀末期，高昂的研發與系統成本讓AIGC的商業變現模式難以落地，AIGC的發展暫時受阻停滯。

沉澱累積階段（1990年代中期至2010年代中期）

隨著深度學習等人工智慧技術的出現以及計算設備綜合效能的提升，AIGC的實用性不斷地增強，逐漸開啟了商業化的探索。在資料源層面，互聯網技術的發展引發了資料規模的快速膨脹，AIGC發展取得了顯著進步。

該階段的典型技術代表作，是微軟在2012年公開展示的基於深度神經網路（DNN）的全自動同聲傳譯系統，該系統可以自動將英文演講者的內容透過語音辨識、語言翻譯、語音合成等技術動態合成為中文語音內容。但由於當時演算法效能面臨瓶頸，導致創作任務的完成品質限制了AIGC的廣泛應用。

快速發展階段（2010年代中期至2021年）

隨著深度學習演算法的不斷疊代更新，AIGC的新時代正式開啟，機器生成內容在影像、影片、音訊等領域均產生諸多重要的應用實踐與技術創新。

2014年，生成式對抗網路（GAN）出現，AIGC進入了生產內容多樣化的時代，且產出的內容效果更加逼真。2017年，微軟的人工智慧少女「小冰」創造了世界首部全AI創作的詩集《陽光失了玻璃窗》。2019年，DeepMind發布了可生成連續影片的DVD-GAN模型。2021年，OpenAI推出了DALL-E模型，並於2022年將其升級為DALL-E2。該產品可根據使用者輸入的簡短描述性文字，自動生成與文本對應的影像內容，得到極高品質的影像繪畫作品。

爆發與破圈階段（2022年至今）

　　2022年AI畫作的問世，ChatGPT的火爆出圈，都讓AIGC的發展得到了空前的進步。

　　2022年5月，Google推出了文本影像生成模型Imagen；2022年8月，AI繪畫工具Stable Diffusion發布；2022年11月，OpenAI推出了AI聊天機器人ChatGPT；2023年2月，微軟宣布加入ChatGPT，推出ChatGPT可支持的新版本的Bing搜尋引擎。

　　2023年3月14日，OpenAI官方宣告多模態大模型GPT-4重磅登場。相較於GPT-3.5，加入了新模態的GPT-4，在語音、統計表格，以及網路圖片等多項特殊內容的合成能力上取得了「可圈可點」的突破。緊接著，微軟把GPT-4全面接入Office產品序列，整合出了辦公軟體的「壓箱底」產品——Microsoft 365 Copilot，開啟了AI桌面新革命。至此，AIGC正式進入了爆發階段。

　　從AI到AIGC，是從感知世界到創造世界的系統能力躍遷。AI技術的突破創新，如AI演算法、預訓練大模型、多模態資訊處理等技術，都為AIGC的「大爆發」提供了強而有力的底層資料應用能力支援。

　　傳統AI像經過專業學習的職業應用者，AIGC更像是接受過通識教育的大學生，有著很強的可拓展性。比如，很多平臺現在用智慧客服AI替代人工客服，但智慧客服只能按照事先設計好的話術進行交流，一旦超出規定的場景和語境，智慧客服的處境就變得很尷尬。這樣的例子還有很多，很多人家裡都買了可以播放

音樂或音訊的機器人，還可與它們進行簡單交流，但這些互動功能都是程式事先設定好的。機器人不能想說什麼就說什麼，不能做到真正的聊天。

AIGC相比傳統AI,「主動」和「被動」是二者之間的根本差別。AIGC開始和人一樣，有自己的思想了，雖然這種思想也是由人來引導的。傳統的AI重在解決某一類問題，AIGC更多在於解決廣泛的任務類型。傳統AI重點在於分析內容，而AIGC已具備生成新事物的能力，不僅侷限於分析已經存在的東西，更重視創造內容。

ChatGPT是典型的文本生成式AIGC，自然語言的理解能力是AIGC發展的一個首要的關鍵環節，對文字和語音模態的應用具有重要意義。ChatGPT實際就是基於自然語言的互動式聊天服務，使用者對相關技術產品的「上手」成本很低。ChatGPT引入了一個新的訓練方法RLHF，即在基於大數據的模型預訓練中加入了人類的評價回饋意見，使其生成的內容在有效性和準確度上都有了大幅的提升。

AI繪畫是AIGC的重要應用領域，Diffusion擴散模型是AI作畫應用的重要演算法模型基礎。OpenAI發布的用於匹配文本和影像的神經網路模型CLIP，則被認為是近年來在多模態研究領域的傑出成果，它不僅能對文字進行語言分析，還能對圖形進行視覺分析。Diffusion+CLIP的完美組合讓AI自動生成文字和圖片的品質得到了根本上的提升，透過不斷調整兩個模型的內部參數，達

到文字和影像更高度匹配的效果（見圖1-8）。在這一過程中，「開源」的技術產業模式也進一步促進了AIGC的傳播和普及。

圖1-8　繪畫作品《冬季小木屋》

生成來源：Stable Diffusion。

　　AIGC的發展迎合了數位內容強需求、影片化、創意新的螺旋式升級發展特徵，正在越來越多地參與到數位內容的創意性內容生成活動中。透過人機協同的方式持續釋放資料資源的價值，AIGC有望成為Web 3.0的內容生成基礎設施，也將成為打造虛實集成世界的重要技術基石。

● AIGC的內容形態

　　隨著深度學習模型不斷完善，開源模式的全面推動，以及大

模型的廣泛商業化探索，AIGC將伴隨充沛的市場需求加速產業應用落地。隨著數位經濟與實體經濟融合程度的不斷加深，以及微軟、字節跳動等平臺型大廠的數位化場景向元宇宙轉型，人類對數位內容總量和豐富程度的整體需求正在不斷提高。

AIGC作為當前新型的內容生產方式，已經重構了內容消費領域的應用生態，率先在數位化程度高、內容需求豐富的領域取得了創新發展。AIGC已在不知不覺中滲透到人們日常生活中的每個角落，從手機軟體中的「人聲」問答，到直播中的「虛擬人」主播，它的身影無處不在。

人們在享受豐富數位生成內容帶來樂趣的同時，人機互動和人類回饋強化也同時促進了AIGC的成功。AIGC的出現可以協助企業從不同領域共同提升生產質效，這也為AIGC提供了普適性的模型優化思路。以ChatGPT為延伸的AIGC底層技術已被逐漸應用，並遷移到以下內容形態：

文本生成領域

文本生成是AIGC實現商業落地最早的技術之一，其發展顯著提高了資料模型面向對話對上下文的理解能力、對知識的嵌入能力、對內容的創造能力，以及生成內容的內在邏輯性等。

AIGC文本生成技術的現有落地場景主要集中在應用型文本生成、創作型文本生成，可以快速生成詩歌、小說、劇本、新聞等內容，並且允許指定寫作風格；基於相關文本生成模型，甚至可以根據對使用者需求的自動分析，完成郵件撰寫、通用寫作、

記錄筆記等各項文字創作任務。

音訊生成領域

AIGC 的音訊生成技術主要應用在樂曲、有聲書的內容創作，以及遊戲、影視等領域的配樂創作，在眾多場景已取得發展，得到廣泛應用並逐漸趨於成熟。AIGC 以及語言處理技術在音訊互動產品中的應用，融合即時語音及音訊娛樂等產品形態，進一步加快了產品創新步伐，持續賦能受眾使用者和內容生產者。

2021 年 9 月，新力電腦科學實驗室發布了一款 AI 輔助音樂製作應用程式 Flow Machines Mobile，該程式能夠根據創作者選擇的風格、旋律、和弦和貝斯線，利用 AI 技術輔助完成音樂製作（見圖 1-9）。同月，喜馬拉雅用語音合成（Text to Speech，TTS）技術完美還原了單田芳先生的聲音，並首次將單田芳先生的 AI 合成音——單氏評書腔調應用於書籍，演繹聽眾耳熟能詳的經典之作。

圖 1-9　輔助音樂製作應用程式 Flow Machines Mobile

影像生成領域

AIGC繪畫技術的應用領域廣泛，例如美術教育、廣告設計、遊戲開發、卡通製作等。在美術教育方面，AIGC繪畫可以為學生提供多樣化、高品質的繪畫作品，幫助他們快速提高繪畫技能和水準；在廣告設計和遊戲開發方面，AIGC繪畫可以幫助設計師快速生成創意和美觀的廣告和遊戲畫面，提高設計效率和品質；在卡通製作方面，AIGC繪畫可以快速生成卡通幀，節省製作成本和製作時間，幫助畫師高效率地設計新的故事角色和場景等。

2022年10月，Stability AI 獲得1億美元融資，估值達10億美元，成功躋身獨角獸行列。Stability AI的開源產品Stability Diffusion可以根據文字提示自動生成影像（Text to Image，T2I）（見圖1-10）。此外，以Stability Diffusion為首，DALL-E2、Midjourney等模型生成的AI圖片瞬間引爆了繪畫領域，AI作畫的成功象徵著人工智慧迅速地向藝術領域滲透。

圖1-10　Stability AI宣傳內容展示

影片生成領域

AIGC影片生成技術的原理與影像類似，但影片編輯任務比在影像上操作更具挑戰性，需要在影像的基礎上合成新動作，並保持時間維度的內容一致性。影片生成的應用場景主要集中在影片屬性編輯、影片自動剪輯、影片部分編輯，前者已有大量應用落地，後兩者還處於技術嘗試階段。

2022年9月，Meta公司公佈了旗下「Generative AI」研究專案的最新人工智慧系統Make-A-Video，該系統不僅可以透過文本描述直接生成影片，還可以從影像或類似的影片中再生成影片（見圖1-11）。隨後，Google也發佈了兩款文本轉影片的智慧化工具，分別為強調影片品質的Imagen Video和主打影片長度的Phenaki。這較此前提到的文本生成影像來說又是新一輪的技術升級。

圖1-11　Meta AI宣傳內容展示

遊戲生成領域

當前，AIGC在遊戲生成領域的應用主要在影像渲染等畫面美工方面。遊戲中包含文本、影像、音效、音樂、3D模型、卡通、電影、代碼等多種類型的檔案資料資源，是娛樂以及媒體行業最複雜的形態。隨著AIGC的廣泛應用，未來能夠根據文本生成語音，根據主題生成場景，根據二維影像生成三維模型，有效提升遊戲在策劃、音訊、美術、程式等環節的綜合生產力，壓縮遊戲的整體專案研發週期與人員投入規模，大幅降低遊戲製作的總體成本。

多家公司已經將AI技術廣泛融入了熱門遊戲的開發中。比如，騰訊AI Lab已在《王者榮耀》遊戲中運用了決策AI引擎「絕悟」（見圖1-12）；網易互娛旗下的AI Lab產品也已經靈活運用於《夢幻西遊》和《一夢江湖》等熱門遊戲的開發中；此外，在遊戲作品《Cognition Method》中，也多處使用了AI繪畫軟體，來製作概念原畫和生成素材。

圖1-12 《王者》「絕悟」人工智慧體驗空間

3D虛擬場景領域

在3D短影片領域引入AIGC技術，相當於重新定義了3D內容生產活動，降低了3D創作工具的使用門檻。普通使用者可以在文本框中直接輸入想要展示的影片內容，系統能夠自動辨識相應文本的語義需求，並根據提示生成3D模型。

2022年初，Facebook創始人馬克・祖克柏首次推出了Meta新系統「BuilderBot」，根據語音描述的環境，自動創建相應場景的元宇宙虛擬世界（見圖1-13）。與BuilderBot類似，蘋果也將推出與AI聯合的全新語音助理Siri，用作三維場景的創建。使用者只要透過語音互動告訴Siri想像中的虛擬動物，以及它們在場景中的移動方式，系統便可準確構建出相應的場景。除此之外，系統還可以計算出物理空間中的障礙物，並為虛擬動物附加自然的物理互動效果。

虛擬人

AIGC是支援虛擬數位人應用的關鍵技術，多模態資訊的生成理論與技術的突破，驅動了數位人從動態互動階段邁向智慧化階段，拓展了數位人的產業應用領域，虛擬偶像、虛擬主播、虛擬人等多重創新產品形態迅速崛起。背靠AIGC技術，虛擬人可以充分模擬人與人之間真實可感的對話，達到「可看」、「可聽」、「可互動」的效果，給使用者提供了一種更真實、更舒適的交流體驗（見圖1-14）。

第一章
智慧創造：AIGC如何重塑未來互聯網

圖1-13　BuilderBot創建的虛擬世界

圖1-14　「數位人」技術產品概念圖

　　AIGC 技術順應了內容行業發展的內在需求，能夠以更少的成本、更快的速度，生成面向不同內容形態領域的更加個性化的數位場景，支持數位內容與產業的多維互動與融合滲透，孕育新的業態模式。此外，AIGC能夠提升元宇宙內容的製作效能，復刻元宇宙的持續性、即時性和可創造性，極大地擴展元宇宙想像空間與商業前景。

AIGC相關領域的演算法和應用的落地，意味著AI技術已經進軍到了先前人類獨佔的科學和藝術等高階認知活動領域，AIGC的「高產能」成為許多海內外互聯網科技大廠的競爭高地，並且逐漸形成了一場「搶地戰」。

　　亞馬遜與AI製圖平臺Stability AI合作，成為其首選的雲端合作夥伴，同時為其提供亞馬遜Tradium晶圓；Google向人工智慧初創公司Anthropic投資4億美元，布局ChatGPT的競爭產品。在中國，華為諾亞方舟實驗室聯合多部門推出了首個2000億參數中文預訓練大模型盤古α；騰訊發布了寫稿機器人Dreamwriter，根據演算法在第一時間自動生成稿件，瞬時輸出分析和研判；阿里巴巴旗下AI線上設計平臺「鹿班」著力開展海報設計的生產應用；百度發布了AI藝術和創意輔助平臺「文心一格」，用來快速生成AI畫作。

　　AIGC洶湧向前的發展趨勢以及不斷進化的深度學習技術，有效地協助創作者從輔助索引到內容呈現，極大地提高了內容創作者閱讀和搜集資訊材料的效率，也刺激著他們的思考與創作體系不斷完善和升級。

未來展望：新一代AI互聯網

　　AIGC作為新的生產力引擎，被認為是繼PGC和UGC之後的

一種新型「時髦」的內容創作方式。AIGC的核心變革發生在內容層，位於資料層之上。AIGC不僅是全新的AI技術產業形式，更是構成下一代AI互聯網的重要技術要素。

AIGC是支援Web3.0商業體系的重要數位能力底座，是構建沉浸式元宇宙空間環境的核心基礎設施以及相應的生產力工具，賦予使用者更多的創作權和自由，促進數位世界創新並提升元宇宙主題應用的使用者經驗。

• Web3.0時代的內容生產革命

2021年12月8日，前美國貨幣審計署署長、BitFury首席執行官布萊恩・布魯克斯在美國眾議院金融服務委員會進行的「加密資產和金融的未來」聽證會上，稱Web3.0是一種可被使用者擁有的互聯網。Web3.0以「去中心化」為利刃，賦予使用者更多權利，伴隨著元宇宙等新技術概念的興起，運行多年的互聯網世介面臨重構風險，新一代AI互聯網的大幕即將開啟。

Web1.0階段

Web1.0階段是入口網站時代，所見即所得。使用者上網最主要的目的是閱讀和獲取資訊，最典型的入口網站代表有雅虎等。在Web1.0時代，上網需要撥號，網路速度慢，內容主要由入口網站編輯和整理。在這個階段，使用者只能單向瀏覽頁面，不能改動文字也不能與網站和其他使用者進行互動。使用者的角色比較單一，僅僅是資訊的消費者。

Web1.0時代，內容生產方式為專業生成內容（Professional Generated Content，PGC），以新聞網頁為例，僅由少數專業人士或專家生產相關資訊，經過多層篩選透過靜態網頁形式單方面向使用者傳遞權威的內容。PGC的內容生產模式中，創作門檻高、週期長、難以大規模生產。

Web1.0的網路應用形式主要是靜態互聯網，比如入口網站，透過公共媒體管道將圖文並茂的內容發布在網頁上進行呈現。使用者可以訪問入口網站，瀏覽數位內容，但只能讀不能寫，無法參與內容的創造過程。整個Web1.0的媒體相當於傳統報紙雜誌的電子化。

Web1.0的範式特徵是，平臺創造、平臺所有、平臺控制、平臺受益。

Web2.0階段

Web2.0最初興起於社群網路，使用者可以在社群平臺上創造內容，進行即時互動，生成的內容形式包括TikTok、Facebook，以及官方帳號等。與Web1.0相比，Web2.0的內容既可讀又可寫，「人人都有麥克風」，使用者可以在網路上發布自己創造的各種形式的內容，例如寫文章、創作短影片、做直播，等等。

Web2.0時代的網路應用形式更加開放，可以認為是平臺互聯網的時代。在Web2.0時代，互聯網上的應用雖然擁有更強的互動性，但是話語權仍舊掌握在互聯網企業手中。內容屬於平臺，評判規則與收益皆是由平臺規定，資料流量也難以共享。另外，在

使用者進行內容的生產和分享，以及透過語音或影片進行交流溝通時，各類平臺、App 會根據使用者產生的資料內容和偏好進行商品和服務的推薦。而在平臺默默收集使用者資料的行為背後，是否能保證使用者的個人隱私，是否能保證不洩露個人資訊，這些都是值得關注的問題。

在 Web2.0 時代，使用者生產內容（User Generated Content，UGC）成為主流的內容生產方式，互聯網擁有了更即時、更海量的數位內容，然而資料的品質可能參差不齊。Web2.0 是互動式互聯網，主要的應用是社群網路和電商平臺。

儘管使用者可以在社群網路平臺上自行創造內容，但是平臺擁有對技術基礎設施的控制權和使用者資料所有權。在 Web 2.0 時代，平臺可以決定編輯、修改、刪除和屏蔽使用者創造的數位內容，甚至可將使用者驅逐出其社群網路的社區。此外，平臺確定了使用者數位內容所創造的價值分配，佔有了使用者的資料足跡價值。

Web2.0 的範式特徵是，使用者創造、平臺所有、平臺控制、平臺分配。

Web3.0 階段

當下應運而生的 Web3.0，呈現出不同以往的互聯網全新生態環境。使用者不但可以充分享受內容生產的收益，Web3.0 還承諾使用者可以參與制定平臺規則，同時保障使用者的隱私和數位身分。

在 Web3.0 時代，使用者不僅可讀可寫，其掌握的資料資產可在流轉和交易中讓其獲取到相應的收益。Web3.0 解決了現在

Web2.0時代的痛點，使用者可以自由創造內容，並且可以得到相應的獎勵，使用者的創作熱情會被激發，真正從互聯網的客人變成互聯網的主人。

Web1.0將數位內容和資料生產限定在了一個狹小的區域範圍，Web2.0從數位內容、資料所有權和價值分配角度來看，都比較不合理，創造者的使用者價值被汲取。而在Web3.0中，使用者所創造的數位內容，明確為使用者所有、使用者控制，使用者簽訂協議分配使用者所創造的價值。此時，數位內容就不再是簡單的資料了，而是數位資產，得到了資產級別的保障。

Web3.0的範式特徵是，使用者創造、使用者所有、使用者控制、協議分配。

總體來說，Web1.0的誕生帶來了互聯網變革，重構了前Web時代線下業態，降低了資訊獲取的門檻，但使用者的互動性弱。Web2.0更注重互動性，提供了更為自由、豐富、便捷、優質的資訊服務，提升了全球資訊傳輸的效率，但資訊價值的分配方式扭曲。Web3.0則是對現有Web2.0的重構。在Web2.0時代，以「虛擬世界」和「現實世界」來區分線上與線下的場景，構築在Web3.0基礎上的元宇宙則是模糊而確定的未來。元宇宙將「現實世界」和「虛擬世界」深度融合，打破了Web2.0時代的鴻溝和界限，讓人類第一次能夠在數位世界裡擁有數位資產。

在元宇宙的概念設想中，資料與資訊的流轉過程十分高效、完全自動化處理、過程公開透明、結果可追溯、狀態可查詢，屬

於「新一代」可讀、可寫、可擁有的 AI 互聯網，呈現為一個極富想像力和創造力的新型網路形態。這個構想一旦實現，整個互聯網經濟組織形式和商業模式都將出現顛覆性的變化。

Web3.0 不只是互聯網應用層的簡單模式創新，而是互聯網架構體系的全面推進和系統升級。Web3.0 將傳承互聯網的核心理念，透過區塊鏈技術實現互聯網世界倡導的開放、平等、創新概念，打造多場景融合產業模式，致力於實現使用者所有、使用者共建的「去中心化」新型數位化網路生態。

內容生產和使用者互動範式是衡量互聯網發展模式代際更迭的重要特徵，見圖1-15。

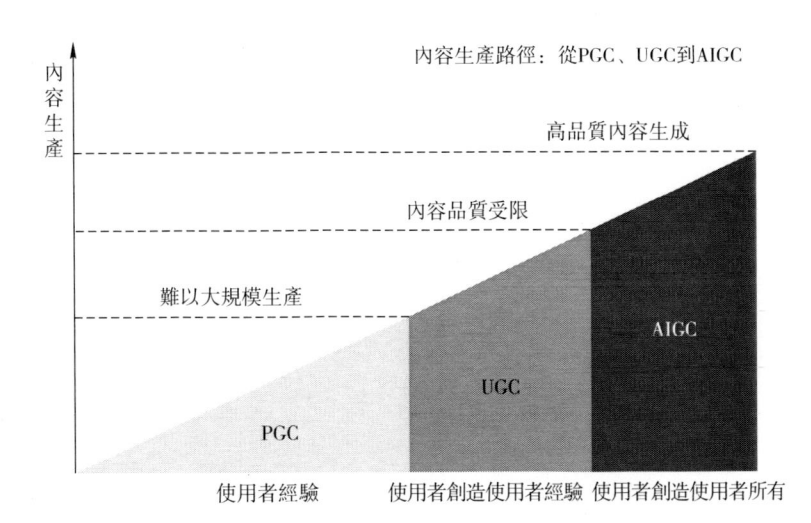

圖1-15 從PGC、UGC到AIGC內容生產路徑

• AIGC技術「催化」元宇宙和Web3.0

在了解了Web3.0的特點之後，我們就知道AIGC對未來互聯網產業革命的重大意義了。雖然元宇宙的終極形態還無法確定，但可以肯定的是元宇宙將極大擴展人類活動的空間。AIGC產生的大量數位內容應用將全力助推元宇宙的發展，為使用者提供高度的真實感和沉浸式體驗。

AIGC將是Web3.0時代核心的內容生產工具

目前，內容生產上的不足制約著元宇宙的發展，無論是元宇宙空間還是數位人，最大的挑戰都在內容生產。如何能提供滿足行業應用需求的高品質內容，人工智慧技術的高速發展提供了最佳答案。

當邁入Web3.0時代，隨著人工智慧技術的成熟應用，以ChatGPT為代表的AIGC快速興起，人們透過機器就能實現文本、圖片、影音等多模態高品質內容的自動生成。人工智慧技術、海量關聯資料，以及語義資訊網路，共同構建形成了人與數位世界的新連結，AIGC同時將推動廣大的內容消費需求被快速地填補滿足。

AIGC與元宇宙都需要海量的資料、算力和演算法的支援，沒有強大的人工智慧的底層技術支援，Web3.0和元宇宙的夢想都無法實現。AIGC技術的逐漸成熟，為元宇宙的普及和應用奠定了重要基礎。實際上，AIGC與元宇宙是高度系統融合的一體，人工智慧技術將成為元宇宙世界的重要內容來源，AIGC則構築了

元宇宙最底層的技術內核與功能架構。

　　AIGC是元宇宙的創建者，其快速輸出相關的文本和影像，可以幫助創業者構建細節豐富、可定製的元宇宙世界。另外，元宇宙也將充滿虛擬人物，就像電子遊戲充滿非玩家角色（NPC）一樣，AI角色將能同ChatGPT一樣自主地與使用者進行互動。相比於人工的數位內容創作在效率與品質上的侷限性，AIGC能夠高效地自動生成圖片、音樂、影片等多模態內容，實現大規模高品質內容生成，而且隨著演算法的不斷優化，生成內容品質也不斷提升，持續推動互聯網互動模式的變革。

　　AIGC將重塑互聯網上的內容生產品質、內容生產效率、人在內容生產中的角色，以及內容生產活動中人與機器互動的形式，成為Web3.0發展中的重要「里程碑」。未來，文本、代碼、影像、影片、3D模型、遊戲，都可以透過AIGC生成的方式達到專業開發人員和設計師的水準。隨著人工智慧技術的不斷發展，使用者將能夠自主創造屬於自己偏好和需求的沉浸式世界。AIGC將推動元宇宙的夢想提前10年實現。

AIGC極大地提高了互聯網使用者對內容創作參與程度

　　Web3.0一直在強調「創作者經濟」，這與AIGC想要解決的問題不謀而合。創作者利用區塊鏈技術，透過AIGC的賦能，融合Web3.0的經濟模型，可將內容創意和影響力進行「指數級」的放大，讓更多人實現從消費到參與、從使用者到所有者的轉變。在內容創作過程中，創作者可以贏得所簽訂的收益份額，達到一

個雙贏局面。

其實「Web3.0+AI」並不是一件新鮮事，不妨先從生成式藝術的NFT領軍者Art Blocks說起。

Art Blocks是2020年創立的一個非同質化通證（Non-Fungible Token，NFT）平臺，這是一個生成藝術的自動販賣機，用交易時隨機產生的雜湊函式生成最終作品，顛覆式地改變了生成藝術創作者和收藏者之間的關係。這個隨機過程是受一串數字控制的，這串數字儲存在以太坊鏈上的一個非同質化代幣上。代幣上儲存的數位串控制著使用者所購買藝術品的一系列屬性，最終生成面向使用者獨一無二的藝術品。

舉個例子，一個買家比較看好某個藝術家的風格，進行支付後，藝術品就開始進入鑄造環節，透過AI演算法生成隨機的、風格一致的藝術品，並發送到買家的個人帳戶中。最終的作品可能是靜態影像，也可能是3D模型或互動式的藝術品。每個由平臺輸出的藝術品都是彼此不同的，並且在平臺上創建的內容類型具有無限種可能性。每個專案中可鑄造的藝術品的數量是一定的，一旦鑄造數量滿了，這個專案就不會再有新的作品生成。

在整個過程中，創造者需要先在Art Blocks平臺上部署好自己的內容生成腳本，確保輸出結果與開始輸入的雜湊函式有關，設定好的藝術腳本會透過Art Blocks儲存在以太坊鏈上。當買家鑄造作品時，實質上獲得了一個隨機的雜湊函式，隨後腳本開始執行，一幅對應這個雜湊函式的藝術作品隨即被創作出來。該模

式讓買家也參與了藝術創作的過程。

這幅作品的創作內容由原藝術家的繪畫風格、生成演算法和創作鑄造機三者共同決定。創作者、買家、工具聯合完成作品的新NFT創作模式，讓藝術品留下了當下最前瞻技術的時代印記，擁有了更多的紀念價值。

對於Art Blocks上初次出售的NFT，藝術家可以獲得90%的收入，Art Blocks賺取剩餘的10%。Art Blocks的成功案例雖然不能完全被複製，但是給AIGC的產業落地開闢了一條「康莊大道」，在其基礎上的更新升級可以形成各種「Web3.0＋AIGC」的商業應用閉環。基於人們提供的想法和創意，AIGC的演算法負責具體的創作，並透過人工智慧技術，將創作活動逐步向認知智慧的場景發展。

目前，在AI繪畫、AI音訊、AI寫作等領域，已經湧現出了很多豐富的創新應用。例如，在AI繪畫方面，美圖公司旗下「美圖秀秀」構建了很經典的AI應用場景，使用者只需上傳一張圖片，短時間內就能得到一張「內容」相似的藝術圖畫；OpenAI開放了影像創建和編輯模型DALL-E2程式的API介面，將其集成到自有影像設計工具中，用來完成海報等圖片的生成和編輯；此外，青雲智能開放平臺實現了新聞稿件的自動撰寫，其平均每0.46秒就能寫出一篇文章，年發稿量達到30萬篇，顯著地提升了新聞內容的時效性和規模性。

AIGC極大豐富了互聯網生態中人和機器的互動形式

AIGC技術支持多模態內容的生成，可實現多感官自然互動，給使用者提供沉浸式的應用體驗。AIGC驅動了服務型數位人的應用推廣，基於自然流暢的人機智慧互動過程，提供了更多創新營銷服務以及娛樂演藝模式。

傳統數位人的製作中，需要透過三維建模技術生成人物，該過程計算量大、耗時長、開發成本高，如果使用AIGC技術，則可以在使用者上傳照片後的1分鐘完成建模工作，其成本更低、精度更高，且允許靈活的個性化定製。與此同時，引入對話式AI、多模態分析模型，還可在多模態互動過程中進一步優化數位人的面部表情以及語言表達，使其互動行為更加「類人」。

豐富的虛擬物品、沉浸式的體驗和人機間的互動效果，都是構建完善元宇宙場景的重要元素。AIGC可以搭建和拼接元宇宙場景中的不同類型元素，例如在劇情設計中，可由AI技術自動生成相應的文字腳本；對於人物形象、動作、特效，可由AI生成影像和影片；基於AI生成音訊的技術，可以提供音樂特效和人物配音；基於AI生成3D場景的功能，還可以搭建人物3D模型，甚至元宇宙主題的特定場景等。

基於AIGC的AI口型驅動技術，騰訊AI Lab已幫助《重返帝國》、《代號破曉》等遊戲自動生成人物角色的臉部口型卡通特效。中國屈臣氏推出了符合年輕人品味的虛擬偶像代言人屈晨曦推廣品牌，針對客戶的不同消費喜好和需求提供專業化、個性化的諮詢服務，以低成本完成品牌破圈。

當前，服務型數位人也已在金融、傳媒、醫療等行業開展廣泛的產業應用探索，可提供相比真人更高效、穩定、便捷的服務，並同時實現降本增效。

AIGC促進了基於虛擬空間的融合應用場景發展

AIGC將成為打造虛擬空間的重要生產力工具，加速虛擬空間創建，提升3D模型、場景的製作能效，成為傳統產業「虛實融合」的關鍵產品。

傳統3D製作需要耗費大量的時間和人力成本，例如，遊戲《碧血狂殺2》的開發，600多名藝術家，歷經8年時間也僅構造了約60平方公里的虛擬場景。而利用AIGC技術，則可以快速提升製作效率。NVIDIA 2022年發布的AIGC模型GET3D具備生成具有紋理特效的3D網格能力，能根據訓練的2D影像即時合成具有高保真紋理和複雜細節的3D集合體，達到每秒生成20個物體的創作效率。可以看到，AIGC在構建遊戲、機器人、建築、社群媒體等行業的數位空間方面，發揮了巨大的技術價值。

AIGC構建的大型虛擬空間可為交通、醫療等行業的模型訓練和技術開發提供寶貴的試驗空間。例如，自動駕駛演算法測驗的虛擬仿真合成現實交通場景，騰訊TAD Sim自動駕駛仿真平臺可讓自動駕駛演算法在城市級別的虛擬仿真世界進行測驗和學習。當前，Waymo、騰訊、百度等公司也根據各自市場策略需求，自主研發了模擬仿真環境。

AIGC降低了內容生產的成本和創造門檻，也催生出更多新

穎的商業模式。以通訊營運商為例，利用對話類的AIGC技術，全面提升了產品形態和體驗。營運商對話類AIGC可用於家庭資費套餐的智慧推薦、通話明細查詢等客服類應用，同時，還可以根據使用者提供的文本需求生成個性化的音樂彩鈴。

　　AIGC將重塑互聯網內容生產和使用者互動方式，成為Web3.0發展中的重要里程碑，AIGC的崛起將會是下一代互聯網的傳奇！

第二章

演算法奇點：
深度學習的崛起與革新

第二章
演算法奇點：深度學習的崛起與革新

　　AIGC 的技術魅力之所以如此令人著迷，是因為其強大的資訊理解力和生成內容的流暢程度。自從 GAN、Diffusion、Transformer 這些底層生成式的模型架構被提出之後，AI 領域的主要任務就從對資料進行分析逐漸轉向讓機器創造出符合要求的資料內容。AIGC 概念的風靡其實並非偶然，其發展和繁榮得益於 AI 技術前期自身的累積和演化。當前，很多優秀的 AIGC 技術依賴於深度學習的基礎模型架構，深度學習在資料擬合、特徵辨識，以及任務廣義化方面的獨特優勢，給 AIGC 的飛速發展和普及應用，提供了關鍵的「助推」作用。

解鎖人類智慧之神祕鑰匙：深度學習

　　AIGC 是關於人工智慧的前瞻技術路線，傳統的人工智慧透過資料對現實世界進行分析和理解，而 AIGC 在此基礎之上更進了一步，不僅要理解世界，還要創造世界。從本質上來說，AIGC 從巨量資料中獲取人類的寶貴知識，學會如何像「人」一樣把知識表達出來，進行各種有創意的內容輸出，對現實世界中各式各樣的業務活動產生影響。

　　在 AI 領域，提到人工智慧，就不免要討論深度學習（Deep Learning）。2016 年，AlphaGo 透過大規模深度學習演算法模型戰勝國際圍棋大師李世石，讓深度學習這個技術概念從資料科學家

的實驗室走向了大眾舞臺。人們開始審視這個由深度學習引領的AI時代，並關注基於超大規模資料資源以及高效能算力所創造出的機器智慧。

相比於傳統的AI技術，深度學習具有多方面優秀的技術特性，把AI演算法的業務價值提升到了一個更高層次的水準。對於當前的AIGC技術來說，也是如此，很多AIGC的技術演算法底層都是依賴於深度學習模型，利用深度學習技術實現綜合知識的表示，並為業務側的內容輸出提供底層的「智慧」內核。

因此，為了更完整地理解AIGC技術，我們不妨先從深度學習技術開始，理解「各式各樣」的資訊內容是如何被機器創造出來的。

• 機器學習，從資料中尋找知識規律

關於深度學習，總是要從機器學習（Machine Learning）開始討論。深度學習可以認為是機器學習的前沿分支，而機器學習也可以認為是深度學習的早期傳統形態，深度學習技術和機器學習技術兩者之間是一脈相承的。

其實，早在1930年代，世界上就已經有了機器學習的技術雛形，比如早期的Fisher線性判別分析技術，後來在1960年代，又出現了即便在當今都十分流行的單純貝氏模型、Logistic模型、KNN模型。那麼，到底什麼是機器學習呢？

其實很好解釋，機器學習就是用演算法從資料中自動找規

律，獲得有價值的業務知識，這些業務知識通常以資料模型的形式進行表示和輸出。在很多數位化業務實踐中，我們經常會提到資料建模這個概念，其實資料建模的目的，就是要構造出一個「有用」的資料模型。

資料模型可以反映業務變數之間的關係，而每個業務變數，本質上又都是在物理世界中，特定業務物件在數位世界中的對應抽象化表示。透過資料建模的方式，我們可以建立起事物之間的複雜連繫，幫助我們更好地理解現實世界中普遍的業務規律。這個規律，實際上就是知識，同時也可以說，事物之間各式各樣的關係組成了和這些事物相關的知識。

透過機器學習技術，我們從資料中得到了資料模型。在具體的表現形式上，資料模型既可以是機率模型也可以是函數，而無論是哪種形式，模型中的變數都基於模型的基本結構產生了數值上的關聯關係，同時，這也是業務側我們可以客觀理解和描述的定量關係。

例如，有兩個變數X和Y，我們透過機器學習技術可以獲得模型$P(X, Y)$或是函數關係$Y=F(X)$，那麼基於X和Y之間的模型變數關係，我們就知道，如何去刻劃現實業務場景中X和Y代表的事物之間的關係了，比如，商品瀏覽量和銷量的關係、吸菸和患病率的關係、股價和利率的關係、商品定價和商品品質的關係⋯⋯

在機器學習任務中，從資料物件是否有標註的角度看，機器學習技術可以分為無監督學習、有監督學習，以及半監督學習。

其中，有監督學習是比較典型的機器學習場景，對於有監督學習，資料集中所有資料物件均有人工標註的業務標籤作為資料建模的外部指引。

在資料建模過程中，資料科學家首先要確定模型結構的基本假設，即設計一個初步的模型結構，然後讓該模型結構在資料集中進行充分的「訓練」，自動地確定模型參數的具體賦值。最終得到的演算法模型可以基於已知資料特徵對未知的目標業務標籤進行預測。

機器學習技術很好地解決了人們透過資料自動發現業務知識的需求。以資料模型的形式「沉澱」下來的知識可以被機器直接「調用」計算，從而對新的資料展開自動分析，得出有價值的業務結論，進一步解決不同的業務應用問題。

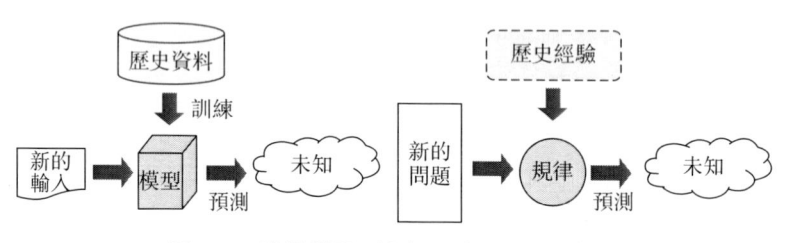

圖2-1 機器學習（左）vs人類學習（右）

機器學習的演算法模型極大地提高了人們從資料中獲得「智慧」的能力。然而，傳統的機器學習技術仍然存在很多侷限性。這些侷限性給資料資源的大規模產業應用帶來了不少挑戰，絕大多數的資料價值並沒有被充分地調動和探勘出來。

首先，機器學習的所有模型變數都需要人工進行構造和設

計，每種業務變數的「精巧」設計背後，都蘊含著資料科學家對業務問題的準確和深入理解。這就意味著，構建出有價值的資料模型的前提必須是對模型變數的科學定義。反過來，如果不足夠了解業務，或者對業務問題的認知不足，就無法很好地進行資料分析和建模。

其次，機器學習產生的資料模型，每個資料模型只能解決一類具體的應用問題。如果換一個完全不同的業務問題，就需要重新設計模型的變數和模型的結構。比如，對產品銷量進行預測的模型和對某個社區用電量進行預測的模型，採用的可能是完全不同的模型類型和模型結構，並且兩個模型中的變數設定也完全不同。模型之間很難共享資訊，模型在不同領域的複用性也很差。

此外，在透過機器學習技術構造模型時，需要非常高品質的資料集，在資料集中，每個模型變數都需要相應的資料字段匹配一致。在大多數的問題場景中，用於機器學習的資料規模都不會太大，同時，資料模型的結果呈現形式也不能太複雜。這就導致我們無法去描述更加複雜的變數關係，同時也導致我們對事物的認知和理解是非常「淺薄」的。這種淺層的業務規律，在實際資料驅動的技術應用效果上往往也不盡如人意。

因此我們把傳統的機器學習技術稱為「淺層學習」。演算法從資料中提煉出來的模型是簡單結構的。這些簡單結構的模型，只能從資料中提取相對粗淺的資訊，做出樸素的判斷和預測，進而也無法表現出「令人滿意」的智慧化水準。

• 深度學習，邁向更強的AI應用

　　為了克服上述傳統機器學習技術的弊端，資料科學家們開始發展基於深度學習技術的AI能力。深度學習的出現對應著人工智慧技術得到了突飛猛進的發展，除了在資料建模的過程中對模型變數設計的依賴性更低以外，同時在模型使用場景的「廣義化性」和預測結果準確性上也具有更好的效能表現。

　　深度學習的核心是人工神經網路。人工神經網路的模型由許許多多的基礎計算單元組成，就像人類的腦細胞一樣，彼此密切地聯結。每個計算單元對應一個模型變數，基於人工神經網路結構的深度學習模型和傳統機器學習模型相比，變數的數量規模更龐大，同時變數之間的關係也更加複雜。在這種複雜的模型結構條件下，只要給模型「投餵」足夠的資料量，模型就能表現出更強的智慧水準（見圖2-2）。

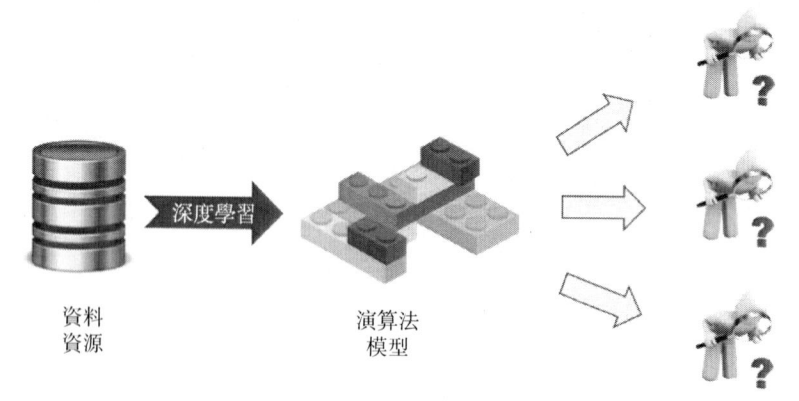

圖2-2　深度學習的模型能力是「資料驅動」的

第二章
演算法奇點：深度學習的崛起與革新

換句話說，從模型體系結構上來看，深度學習模型比機器學習模型具有先天更強的知識表達能力——具有更強的智慧發揮潛力。舉個形象的例子，如果說傳統的機器學習模型是金魚的大腦，那麼深度學習模型就是人類的大腦，具有更好的「可開發性」。

人工神經網路在模型結構上通常表現為多層的變數關係結構，前一層級和後一層級之間的關係對應著模型變數的函數變換。神經網路的變數層級結構越多，模型變數的函數變換次數也就越多。這就相當於當給定了模型的輸入變數後，模型會對輸入變數進行不斷的加工、再加工，經過非常多次的資訊內容變換，直到獲得令人滿意的資料分析結果。

在一定的外部條件下，通常多層級的神經網路模型從資料中提取資訊的能力更強，其不僅可以從資料中提取出那些比較明顯、比較直觀的業務資訊，還能夠提取出深層次的、細節的、隱含的、更高階的內涵和資訊。因此，為了獲得更好的模型應用效果，人們通常會構建結構上很深層的神經網路模型。這也就是為什麼這些基於神經網路模型的AI演算法技術也稱為深度學習。

深度學習模型可以透過模型參數的取值，形成各種非線性的複雜函數映射關係，即觀測變數到業務目標變數的映射關係。在這個過程中，資料科學家們不需要「顯性」地定義資料模型中的變數，僅透過模型參數賦值變化的方式就「間接」地達到了對模型變數設計的效果。

此外，透過設計不同的神經網路模型結構，可以讓基於深度

學習「訓練」得到的資料模型表現出某些方面優秀的應用特性，並相應地除錯出很多高品質的AI模型應用。這些深度學習模型在過去十幾年的發展中，取得了非常好的成績。

當前，比較經典的深度學習模型有以下幾種類型：

多層感知器模型（Multi-Layer Perceptron，MLP），最早是由感知器模型，也就是單個神經元結構演化而來。多層感知器是最為經典的人工神經網路，由多個網路層組成，每個相鄰網路層之間的變數彼此連接，但是同一層之內的變數沒有連接關係。

多層感知器模型幾乎適用於任何預測類的問題，是深度學習計算中最常用的模型類型之一。多層感知器模型在結構上並沒有太多特別之處，不需要對模型添加過多額外的假設，可以很精準地提取出所輸入資料的深層業務資訊，然後基於對這些資訊的綜合處理進行結果預測。多層感知器模型具有1個資料輸入層、1個資料輸出層，以及中間的多個隱藏層。透過增加隱藏層的個數，可以提升模型的複雜度以及相應的資訊提取能力，不斷強化模型的應用效果（見圖2-3）。

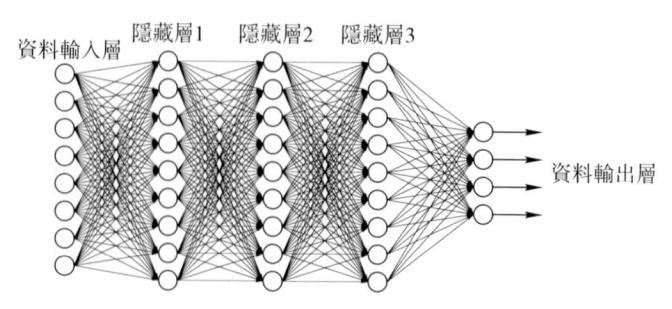

圖2-3 具有三個隱藏層的多層感知器模型

卷積神經網路（Convolutional Neural Networks，CNN），是一種在神經元網路層上進行卷積計算的人工神經網路。卷積神經網路中的變數連接密度比多層感知器模型更稀疏，模型的特點是只有空間上相鄰近的變數之間才會發生相互的計算作用。

　　在卷積神經網路中，具有卷積層和池化層兩個主要的神經網路結構。其中，卷積層主要透過「卷積核」負責資料特徵的提取，比如對影像資料中某種特殊的色塊或線條結構進行辨識。池化層主要負責簡化被提取出的特徵編碼，「過濾」掉容易對模型任務輸出產生干擾的雜訊特徵，提高模型的魯棒性（Robustness 的音譯，意為穩健性）。在實際應用中，卷積神經網路的模型結構也通常很深，由多個卷積層和池化層交錯疊加組成，一邊對特徵進行抽取，一邊過濾無效雜訊，最終達到精準的資料感知和理解效果。

　　卷積神經網路的這種特性很類似於人肉眼觀察物體的過程。眼睛中有一個對光訊號的「感受野」，只有處在「感受野」範圍內的事物才可以被感知和判斷，而「感受野」之外的事物則必須透過移動眼球或調整面部朝向來進行觀察。因此，卷積神經網路對影像類資料的資訊抽取和內容理解具有非常好的應用效果，已經被廣泛應用於機器視覺類的各項具體技術任務中（見圖2-4）。

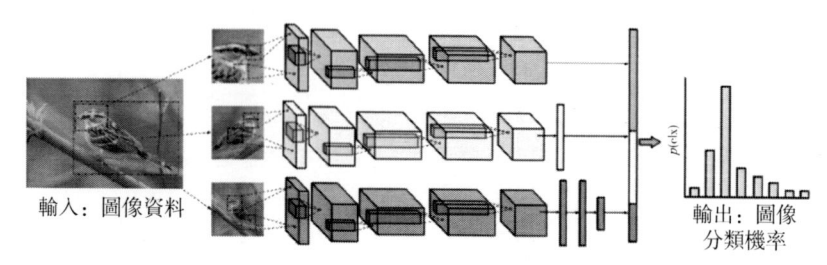

圖2-4　透過卷積神經網路對影像資料進行自動分類

　　循環神經網路（Recurrent Neural Networks，RNN），是一種在結構上具有循環往復特點的人工神經網路。在循環神經網路中，有一個被不斷重複的核心演算法模組。當模型工作的時候，輸入變數透過這個模組得到的輸出結果會作為輸入條件在下一階段再次進入這個模組，並與下一階段中新的輸入變數一起進行資訊的抽取和融合分析處理。

　　循環神經網路具有「歷史」記憶性的特點，可以基於每個階段的模組重複，不斷地疊加記憶資訊，可以對時間序列資料進行整體的資訊處理。文本資料可以看作是一個字元序列組成的資料，廣義上也是一種時間序列資料。因此，循環神經網路主要用於對文本資料的分析處理。

　　循環神經網路可以對任意長度的文本資料進行建模表示，提取文本資料的深度語義特徵，相比一般的傳統語言模型具有更強的資訊表示能力。在基於循環神經網路的語言建模表示後，結構化的文本資料可用於文本摘要、文本翻譯、知識抽取、情感分析等上游自然語言處理任務。當今，無論是以語言分析

類應用為主的預訓練大模型 BERT，還是主打對話生成應用的 ChatGPT，底層的基礎模型都是循環神經網路（見圖 2-5）。

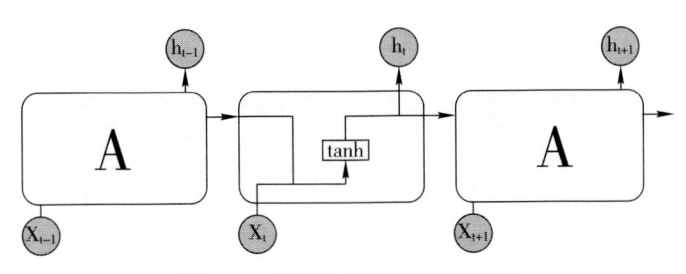

圖 2-5　循環神經網路模型結構

自編碼器（Auto-encoder，AE），這種神經網路主要用於對模型的輸入資料進行特徵提取。所謂特徵提取，實際上就是對原始的資料進行加工處理，從中找到有業務價值的資訊片段。從資料模型的角度來說，特徵提取所做的工作也可以看作利用演算法自動從原始的資料變數中「抽象出」對分析結果具有直接指向性的業務變數的過程。

自編碼器分為編碼器（Encoder）和解碼器（Decoder）兩個基本的組件結構。編碼器的作用是把原始的輸入資料映射到特定的數值空間，對其進行抽象化表示，這種抽象化的表示可以被認為是我們從資料中提取出的資訊。解碼器的作用是把抽象資訊表示「恢復」為特定格式的資料內容，即基於資訊生成內容，在 AIGC 技術中，本質上所有能夠生成內容的技術組件都可以看成是一種特殊的解碼器（見圖 2-6）。

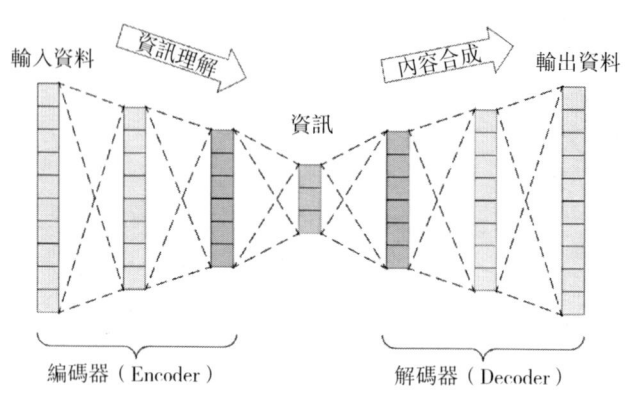

圖2-6 自編碼器的模型原理

在自編碼器中，假設經過先編碼、後解碼的過程，最終輸出的資料內容與原始的輸入內容是一致的。透過這種資料的自我約束，自編碼器模型可以從指定資料集中學習到一種有效的資訊表示能力。

自編碼器本身並不直接解決預測或分類的問題，而是對模型變數進行自動構造。自編碼器的用處主要在於提供一種有效的變數轉換函數，把原始的輸入變數轉化成新的模型變數，在新的模型變數表示下，可以方便、高效、直觀地進行資訊的融合、轉換和加工，分析得到具有實際應用價值的業務結論。在現實應用中，自編碼器經常和其他的神經網路模型組合使用，指導上層的有監督學習任務。

• 深度學習「助力」釋放資料智慧潛力

和傳統的機器學習技術相比，深度學習技術更加適合未來人

工智慧技術的發展方向，也更加地契合現在大數據的時代特徵，主要體現在以下這些方面：

深度學習技術具有更強的資訊感知能力

正如前面也提到的，以人工神經網路為主的深度學習技術模型，具有非常「深」的網路層級結構。每個層級都對應著一次額外的資訊提取和抽象的操作，同時這種深度的結構，對於資料的資訊感知能力也非常強大，可以細致入微地從資料中「解讀」深層次的資訊內涵。

也正是基於上述這方面的特性，深度學習技術在對影像、文本、音訊、影片這些非結構化資料的分析和處理上，具有非常強大的技術能力優勢。非結構化資料中想要表達的語義內涵或業務內涵相比於可直接觀測到的原始感官訊號，比如文本中的字元、影像中的像素，或者音訊中的波段，是非常抽象的。而要想得到這些資料背後抽象的資訊，只有深層的網路結構才能做到。

深度學習的模型可以很好地解決複雜的問題

傳統的機器學習建模要求資料科學家必須要手動完成業務問題到資料模型結構的轉化，不僅要對照著實際業務問題場景定義出模型的基本結構，還要明確定義出模型中每個變數的業務內涵。這種非常依賴人工的模型設計流程，導致 AI 演算法可以解決的問題範疇非常受限。

與機器學習不同，深度學習模型是完全由「資料驅動」

（Data-Driven）的，這就解決了人工手動建模的難題。只要資料規模夠大，資料品質足夠好，就可以基於深度學習技術得到表現優秀的演算法模型。

對於深度學習技術，每種不同的模型參數組合，實際上都可以看作是對應著一種「等價」的資料模型結構，換句話說，模型結構被「參數化」了。同時，基於AI的業務創新場景也被極大地拓寬了，很多以前完全沒思路突破的複雜資料建模問題，都可以被相對「無腦」計算的方式自動完成。深度學習技術把演算法的問題轉化成了算力的問題。

深度學習可以看作是一種「仿人腦」的AI演算法技術架構

對於傳統的機器學習演算法，有各式各樣的基礎模型結構，比如迴歸模型、決策樹、支持矢量機、K-means、感知器、馬可夫網路、貝氏網路，這些基礎模型的結構形態各異，並且適用於解決不同特點的業務問題。

資料模型的結構與問題需求關聯密切，這些模型被設計出來，僅僅是為了解決當下的特定具體問題，並沒有充分考慮如何讓機器在底層運作機制上更加接近於「人」的智力認知活動。而所謂人工智慧技術，從長遠發展上，畢竟是為了獲得更加接近於人的智力水準。因此AI技術在底層架構設計方面，就需要和人腦的工作原理盡量保持一致。

深度學習技術就「學習」這件事本身的方式上，確實更加接近於人類實際的學習過程。在人腦的結構中，完全不必為不同的具體

任務來生長出不一樣的腦細胞，每個細胞也不必須是用來解釋某個特定的事物物件。深度學習的模型結構恰恰也是這樣，每個模型變數的內涵不是「固化」的，整個模型是隨著訓練資料的差異而相應地產生不同的實用性功能（見圖2-7）。

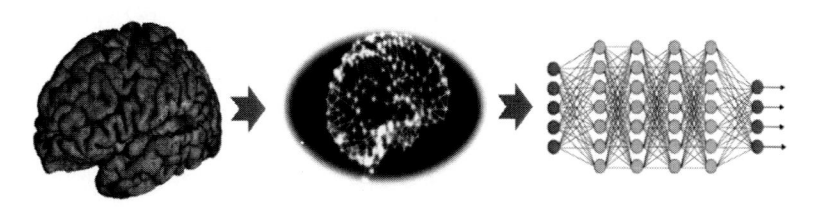

圖2-7　深度學習模型是「仿人腦」的AI技術架構

在「仿人腦」的基礎之上，深度學習的技術模型進一步具有更強的應用相容性

模型中變數的去業務化，導致同樣的模型可以適用於不同的具體業務場景，模型在接收資料的輸入時，不需要考慮「業務對齊」，只要在資料編碼格式上對齊就可以了。也正是基於這樣的原因，深度學習模型比傳統的機器學習模型具有更強的通用性，在實用的感官效果上，看起來更加「無所不能」，變得更像人類。也正是基於深度學習技術的出現，人們的目光從小模型逐漸轉向了大模型。

過去，拿到小部分的資料，透過機器學習，得到一個小模型，然後解決一個特定、具體的業務問題；未來，開始考慮整合海量的大數據，透過深度學習，得到一個超大的資料模型，這個模型盡量用來解決「所有」的問題。

深度學習技術可以非常好地利用到資料資源的規模優勢

深度學習的資料模型在結構上非常複雜，模型的參數規模非常龐大，而要想得到一個這樣龐大的資料模型，就得要有足夠大量的資料來學習這個模型。當前，隨著C端互聯網的應用普及，以及工業互聯網接入設備的迅速成長，我們已經跨過了資料稀缺性的數位化發展階段，步入了一個資料要素繁榮的數位經濟時代。

我們的資料獲得能力，以及對資料資源的整合與計算能力飛速地提高。傳統的小模型已經不能很好地滿足對巨量資料資源的探勘需求。相比來說，深度學習技術可以非常有效地利用大數據的資訊資源優勢，快速推進資料資源向知識資源的轉化，將儲存在不同設備、載體、平臺的資料融合為機器智慧的高級表現形式，不斷為我們的生產實踐業務優化帶來「驚喜」。

創新演進：從GAN到Diffusion

前面介紹了人工智慧和深度學習的關係，接下來不妨討論一下，AIGC到底是怎麼發揮出獨特的想像力，創造出形態各異的優秀作品的。

- **AIGC的主要技術模式**

AIGC的概念範疇很大，只要是透過人工智慧技術可以產生

資料，廣義上來說都可以稱之為是AIGC技術。暫且不討論AIGC在產業上的業務應用領域，從技術面向的問題需求類型角度，AIGC就存在不同的細分技術模式。面對不同細分模式，AIGC在底層的演算法模型結構上，彼此有很大的差異。

AIGC技術的內容編輯類應用模式

以影像資料為例，透過AIGC技術對原始資料進行自動的內容變換、優化資訊展示效果，已經是非常主流的技術處理手段。具體來看，AIGC可以把影像資料進行自動拼接、旋轉、去雜點、改變清晰度，或者加上各種特效進行渲染，獲得滿足應用需求的高品質圖片檔案。這方面應用在「美圖秀秀」一類的泛娛樂圖片編輯軟體中已經具有了非常成熟的產品形態，同時，在專業的圖片編輯和影片剪輯製作中也極大地提高了文創工作者的工作效率。另外，還有一種比較有趣的AIGC技術，可以把2D的圖片進行「升維」變成3D的圖片，豐富影像資料在深度、質感、光感等維度的資訊內容。

AIGC還可以將來自不同資料素材的內容進行深度的融合。比如面向影片編輯中的換臉技術，可以實現把A的臉拼接到B的身體上，形成特殊的影視特效。對於語音類資料的分析處理也是一樣，AI變聲軟體可以將人的聲音進行音色和音調的轉變，美化聲音，或者乾脆把聲音變得和某個明星的音色完全一樣，達到各種有趣的娛樂效果。

對於面向內容編輯的AIGC，相對來說，底層技術的實現路

徑比較直觀。AI技術生成的內容不是完全憑空的，而是有明顯的內容依據的。AI演算法基於原始的資料進行適當的調整和修改，生成新的資料內容。原始資料對於所生成資料具有非常強的資訊「指導」，這方面的AIGC技術不是典型的從0到1的內容生成，而是面向局部內容的生成或轉化。這類技術可以代替人實現對資訊的定向加工和處理，獲得更好的內容表達效果，提供專業的「修復」、「美化」、「特效」能力。

比內容編輯類應用模式稍微複雜一些的AIGC技術主要解決資料模態轉化類需求

這類技術主要是為了實現資料在形式上的轉化。在AI技術中，所謂的「模態」實際就是資料的基本表現形式，文本、圖片、音訊，這些都屬於不同的資料模態。基於深度學習演算法模型強大的資訊感知能力，可以很好地解決將資料從一種模態轉化為另一種模態的映射需求。

AIGC面向資料模態之間的轉化包括兩種主要的情形：

一種情況是智慧轉譯，把不同格式的資料進行直接的對應轉換。典型的有技術應用場景音訊和文本之間的資訊互轉，指定的文本內容進行AI語音合成，或者透過影片中的音軌檔案自動生成字幕。

另一種情況是透過語義對齊，自動理解某一種模態資料的語義內涵，然後進行「即興創作」。從資料的本質上看，真正有價值的是資料背後的資訊，或者說是資料的語義內涵。而資料的直

接表現形式只是我們觀察到的外在的「相」。對於不同模態的資料，在資訊層面具有一致性，如果能找到這種一致性的對應關係，那麼就可以完成資料內容跨模態的任意形式變化。

「以文生圖」就是典型的具有「創作」特點的資料跨模態轉化應用，只要給定一段文字描述，機器就可以根據這段文字背後的語義關係，自動地創作出一幅有趣的圖來。反過來，AIGC技術也可以透過圖片或影片格式的資料動態產生文字描述或解釋，達到自動內容「解說」的效果。

關於AIGC最複雜的一種表現形式，是問答類的技術應用模式

在問答類的應用中，模型的輸入和輸出之間的對應關係是非常綜合而微妙的，問答資料對之間存在的是一種特殊的相關關係，而非簡單的編輯轉化關係或者模態轉化的關係。現在異常流行的ChatGPT，其實就是典型的問答類應用的技術產品。

面向問答類的AIGC，演算法模型所輸出的資料內容，並不能簡單地從一種直觀的映射關係直推產生，模型生成的內容變得更加不可控。為了獲得更好的資料品質，面向問答應用的AIGC通常依賴於強大的知識庫，知識庫中的巨量資料累積，都將是AIGC模型生成內容的素材來源。除此以外，AIGC產生的輸出內容和知識庫中資料本身的資訊品質也存在密切的相關性。

值得一提的是，這類AIGC技術很像是一個功能強大的搜尋引擎，這個搜尋引擎和傳統搜尋引擎的區別在於，不是簡單地透

過關鍵字來匹配答案,而是把所有相關的素材進行深度融合與二次加工,得到綜合的資訊處理結果再回饋給使用者,整個AI演算法過程表現得更加善解人意。

而上面提到的AIGC應用模式,幾乎都是針對給定輸入條件,得到相應的AIGC內容輸出。還有不少AIGC應用本身並不太依賴於使用者對模型的輸入條件,AI演算法模型可以在無條件約束的情況下進行自由創作。這類無約束的自由AIGC應用,實際上也有廣泛的應用場景,尤其是在遊戲、平臺或影片中,隨機生成一些場景化素材時,極大地提高了藝術創作者的工作效率。

- **AIGC技術的底層基本原理**

最經典的AIGC技術是基於模板的方法,這種方法在文本內容生成上應用非常廣泛。透過從資料庫裡把相關的資訊抽取出來,然後在關鍵的位置和提前設定好的語言模板相結合,就可以得到看似「智慧」的文本內容結果。

然而,基於模板的AIGC技術產生的文本在表現形式上非常死板,難以涵蓋所有的業務場景,而且通常要依賴於人工構建大量的模板,技術實現成本非常高昂。於是,資料科學家把目光移向了透過「深度學習」技術自動產生內容的研究路線上來。

基於深度學習的AI技術具有非常強的資訊抽取能力,能夠從資料中提取到有價值的資訊,那麼反過來,基於演算法模型所理解到的資訊,能否自動地合成資料呢?如果這個思路可以的話,

就實現了「資料」到「資訊」，再到「資料」的技術路線閉環。

從資訊論的視角看，可以把「資料」向「資訊」的轉化過程當作「編碼」(Encoder)過程，而把「資訊」向「資料」的轉化過程當作「解碼」(Decoder)過程。

在AIGC技術框架中，可以基於對雜訊資訊的「解碼」隨機產生資料內容，也可以先把某一種模態的資料內容「編碼」為具有業務需求指向性的資訊，再基於這個資訊「解碼」得到對應的另一種模態的數位內容。可以參考圖2-8的理解基於「編碼」和「解碼」自動產生數位內容的AIGC邏輯框架。

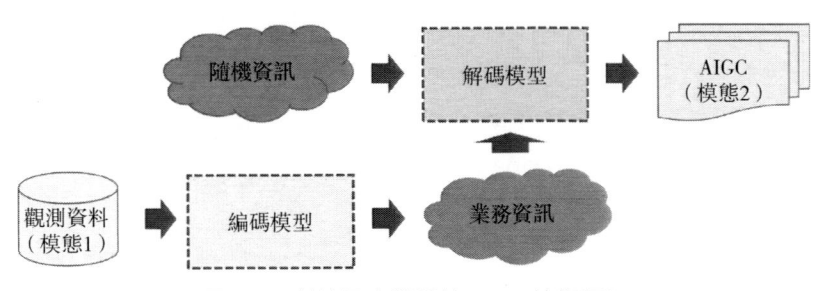

圖2-8 基於深度學習的AIGC技術框架

● 基於GAN的AIGC技術

GAN（Generative Adversarial Networks）是近些年一種主流的無監督的AIGC技術模型，該模型的中文名稱是生成對抗網路。GAN在2014年由Goodfellow等人提出，被認為是當時最具前景，最具有應用活躍度的AIGC模型之一。GAN可以從一個看似毫無意義的隨機雜訊不斷地演化，逐漸「解碼」出具有自然業務含義

的「合成資料」，這些被合成出來的資料可以做到真假難辨的感官效果。2018年，GAN的思想被《麻省理工科技評論》評選為2018年「全球十大突破性技術」。

GAN本質上是一種基於「左右互搏」的AI內容生成技術，由兩個子模型組成，分別是「生成器」（Generator）和「判別器」（Discriminator）。無論是「生成器」還是「判別器」，本質上均可以採用深度學習模型，與一般的對影像或文本進行內容分析的深度學習模型沒有特別的差異。二者在GAN中的命名區分主要是為了突出功能角色上的特點。

其中，「生成器」的作用在於對隨機訊號進行「解碼」，產生我們需要的AIGC資料，比如影像或文字；而「判別器」的作用在於，對某個給定的資料是由AI演算法自動生成還是基於人工生成的進行自動的判斷分類。

GAN模型的應用目標在於，給定一個既定的人工資料集，能夠參考這個資料集自動地、批量生成樣式或風格類似的一系列資料。比如，給GAN模型觀察一系列人臉的照片資料，然後GAN就會自主地學會如何繪畫人臉，透過GAN自動生成的人臉照片仿似現實世界中真實存在一般。

那麼，機器這種優秀的「模仿學習」能力是如何獲得的呢？

對於深度學習模型來說，最終應用功能的有效性會體現在模型的參數取值上。當模型的變數個數和模型的結構確定之後，接下來就是要讓模型中的關鍵參數與用來學習的資料集合保持一

致。在特定的參數組合下，模型在給定資料集合上的表現會非常「可靠」。

回到GAN的例子，我們需要為「生成器」和「判別器」分別找到這樣「合適」的模型參數，讓彼此的功能達到一種均衡。在這個均衡條件下，兩個模型的應用效果均達到最佳，從而整個GAN模型也實現了「模仿」的目的。圖2-9展示了在影像生成的技術應用中，GAN的基本工作原理。

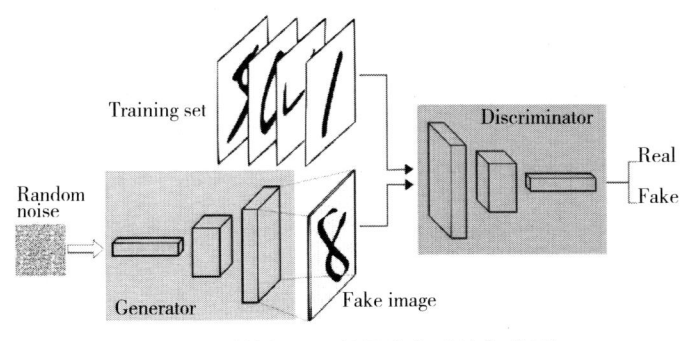

圖2-9　基於GAN的影像生成技術模型

在GAN模型的深度學習訓練過程中，「生成器」和「判別器」的功能都會逐漸進化，變得越來越強大。一方面，「判別器」可以和傳統的分類器模型一樣，具備越來越精準的目標分類能力，例如可以把現實客觀存在的照片和機器合成的照片準確區分出來；另一方面，「生成器」產生的資料品質也會變得越來越「以假亂真」，透過GAN的「生成器」部分自動生成的照片讓「分類器」很難做到有效的分辨。

當這個均衡條件達到後,「生成器」產生的「虛假」資料的機率分佈和資料集中「真實」資料的機率分佈近乎一致。也正是基於這種原因,任意給定「生成器」一個隨機訊號,透過一系列的資料加工變換,都會生成一個符合現實世界樣貌規律的資料記錄。GAN的學習,本質上就是在觀察真實的資料集,然後模仿真實的資料集進行AI內容合成。

GAN最早主要用於圖片生成的技術應用場景,後來隨著相關拓展以及變體的模型,比如DCGAN、StyleGAN、BigGAN、StackGAN、CycleGAN、對抗自編碼器、對抗推斷學習等不斷出現,其應用領域已經逐漸覆蓋到各類型樣本生成的技術任務中。

面向影像和影片,GAN可以解決影像轉換、影像分割、影像修復、影片預測、影像風格轉換等典型問題,此外,GAN還支持文本類型資料的自動生成。當前,仍有很多主打「影像處理」的AI廠商都在廣泛採用GAN模型進行圖片和影視編輯方面的技術創新。

• 基於VAE和流模型的AIGC技術

除了GAN以外,基於變分自編碼器(Variational Auto Encoders,VAE)的方式也是一種主流的AI內容生成技術架構,早前公佈的DALL-E模型就是基於VAE設計實現的。VAE是前面提到的自編碼器的一種變體,由「編碼器」和「解碼器」兩個部分組成。其中,「編碼器」負責進行資料壓縮,「解碼器」負責資

料重構。AIGC的生成能力，主要是關注VAE中「解碼器」部分的能力。

為什麼在AIGC中使用VAE，而不是傳統的AE模型呢？

這裡主要原因在於，傳統的AE模型幾乎沒有什麼內容「廣義化」能力，模型中原始的輸入資料是什麼，基於演算法重構後輸出的資料就是什麼。換句話說，單純的AE模型只是在重複一個圖片，而不能產生新的圖片，而我們真正的目的是讓AI模型創造出「新」內容。

與傳統的AE模型不同，VAE藉助了貝氏流派的思想。VAE不是對某個具體的資料點進行重構，而把目光鎖定到產生這個資料點的背後隨機機率分佈，比如某個高維的正態分佈，接下來尋找該統計分佈的模型參數。然後，基於對這個機率分佈進行模型隱變數的重新採樣，透過採樣到的隱變數，再進行對資料內容的重構。

對於VAE來說，模型產生的最終結果是基於新的隱變數的隨機生成樣本。透過這種方式生成的資料，做到了基於原資料的「語義漂移」效果。新的隱變數就是模型自主創建的相關語義，可以獲得在風格上接近但是語義內涵上又完全不同的合成內容（見圖2-10）。

流模型（Flow-based Generative Model）的原理和VAE很接近，都是基於「解碼重構」的思想進行AI資料的自動合成。它們之間最關鍵的區別在於，VAE透過引入隱變數的技術概念，有效

地簡化了進行資料生成的演算法模型，而流模型則是直接對生成模型的變數參數進行建模。

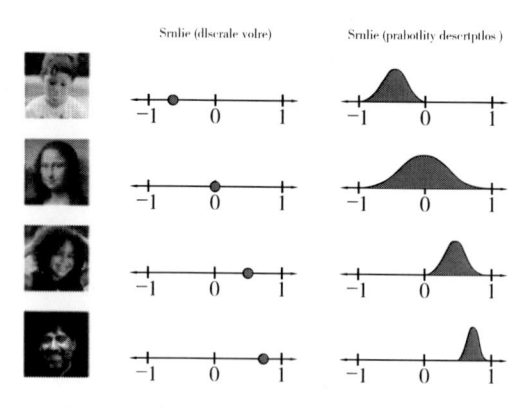

圖2-10　基於VAE的影像生成技術模型

流模型可以顯式地學習到生成資料的統計分佈，透過對輸入變數的一系列簡單的轉化，一步步地把最初資料的表現形式變得複雜，直到生成符合客觀呈現規律的合成資料。在實際應用中，經常會用到標準化流對模型輸入變數的轉化關係進行建模。在流模型中，需要選擇合適的映射函數，為了便於模型的訓練和計算，映射函數需要滿足可逆條件，並且其雅可比矩陣是三角矩陣的結構。

除此以外，當標準化流中的映射函數定義為自迴歸模型時，模型中各階段變數維度一直保持不變，此時流模型也稱為自迴歸流，這類模型在影像等類型資料的生成任務中具有很廣泛的應用。基於流模型的主要技術框架如圖2-11所示。

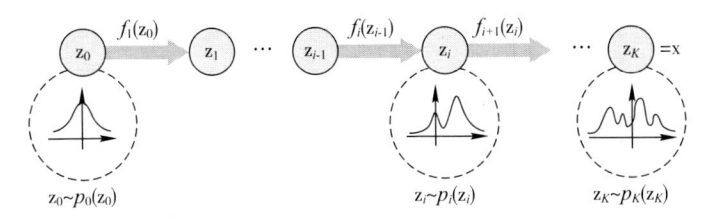

圖2-11　基於流模型的AIGC資料生成技術框架

● 基於Diffusion的AIGC技術

　　Diffusion是2022年新推出的一種優秀的AI資料生成技術模型，該模型一經出現就在業界引起了非常大的轟動，助力AIGC技術的發展更上了一層臺階。Diffusion模型可以說是影像生成領域近年出現的「顛覆性」方法，在影像生成效果和穩定性方面都具有十分強勁的技術表現優勢，其風頭已超過當年的GAN。

　　Diffusion是一種擴散生成模型，在影像生成的任務中，Diffusion透過圖片「去噪」的過程來達到逐步產生影像資料的實際應用效果（見圖2-12）。也正是基於這種特殊的影像產生方式，Diffusion往往可以生成清晰度更高的影像資料。在基於Diffusion的AIGC技術模型中，定義了正向擴散和逆向擴散兩個過程：

　　對於正向擴散過程來說，從真實的影像資料開始，基於特定的條件機率分佈，不斷向其中添加高斯雜訊樣本資料，向影像資料中引入「混亂」元素。透過多個時間週期變化後，最初的影像資料逐漸演變成純高斯的雜訊資料，並且最終的雜訊資料與初始的影像資料是同維度的。

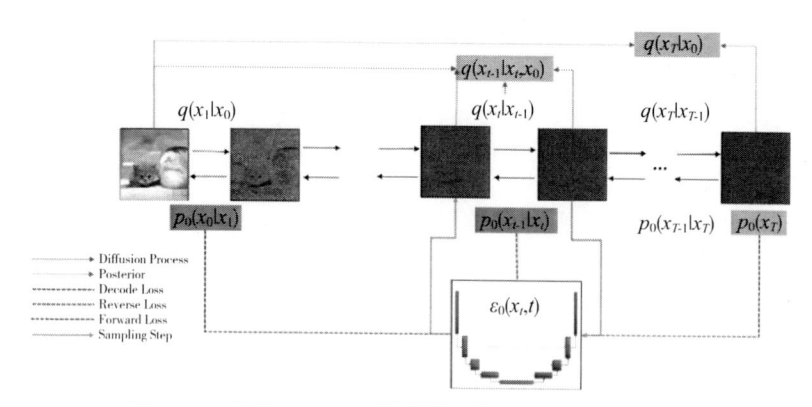

圖2-12　基於Diffusion擴散模型的影像資料生成技術

逆向擴散是該「加雜訊」過程的反方向資料變化，當基於資料集訓練得到有效的Diffusion擴散模型後，透過逆向擴散過程可以把某個隨機雜訊資料疊代「恢復」出有意義的影像內容。

和GAN相比，Diffusion在效能上具有不少優點。首先，是產生影像的清晰度更高，產生內容更加符合人們的審美要求。其次，Diffusion生成的資料內容多樣性更加豐富，可以生成擁有全景、局部特寫，以及不同角度的影像資料。對於GAN的影像生成技術，通常只是對現有影像資料集的無線逼近模仿，而Diffusion則突破了原本的簡單「模仿」，使得AIGC技術具備了更強大的創造能力。

除了以上方面，Diffusion還允許透過引入條件資訊來控制最終生成的內容，即使用者可以透過「指令」要求機器產生特定的影像資料，這類技術也叫做Guided Diffusion。比如，可以要求產生特定主題類別的影像，或者用自然語言的方式來約束影像對應的語義場景。

OpenAI當前非常流行的AIGC模型DALL-E2就是一種Guided Diffusion的典型應用，可以實現非常精巧的「以文生圖」效果。DALL-E2為了達到從文本到影像的跨模態資料內容轉換效果，需要先將文本資料進行「編碼」，壓縮成語義矢量，再將其基於逆擴散過程進行「解碼」，產生使用者想要的影像資料。

為了讓模型滿足文本和影像的「語義對齊」效果，使產生的影像和文本資訊在語義表示上一致，就需要在大量「配對」的文本和影像資料上進行聯合的深度學習訓練。DALL-E2在跨模態AIGC內容轉換任務上，選擇了文本影像預訓練（Contrastive Language-Image Pre-Training，CLIP）模型進行語義的抽象表示。

CLIP本質上是一種面向多模態AI任務的預訓練大模型，其產業化價值可模擬於BERT模型對NLP領域的意義。CLIP可以分別對文本資料和影像資料進行語義編碼，計算跨模態的文本資料和影像資料之間的相關性，從而對Diffusion模型生成的影像內容進行重要的語義監督指導（見圖2-13）。

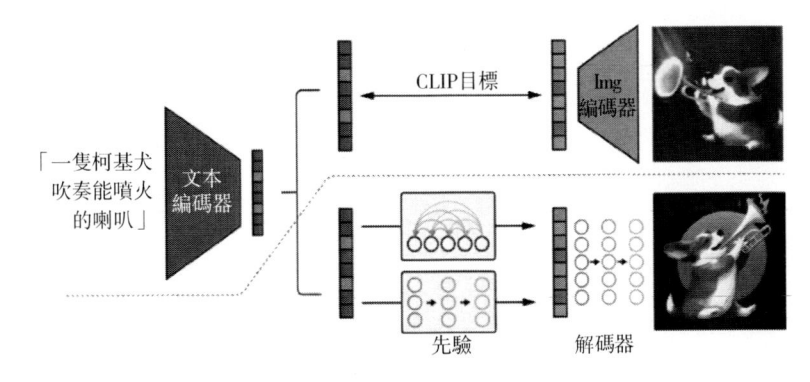

圖2-13　CLIP+Diffusion的「以文生圖」技術原理

Transformer：智慧認知的新起點

前面我們介紹的AIGC技術更多是和影像類資料的自動生成相比較，更多是聚焦於AI演算法對外部環境資訊的感知能力。而更深層次的AIGC應用，還可以體現在人工智慧技術的認知能力水準方面。人工智慧技術對自然語言的分析和生成，很好地體現了機器強大的認知能力，是人類智慧被機器完美傳承非常好的證明方式。

在AIGC技術中，機器對語言的生成，以及基於對語言的理解去生成其他模態的資料內容，其難度比「隨機」地生成影像難很多。我們不僅要理解機器如何基於隨機的「雜訊」創造出看似符合人們審美規律以及客觀自然規律的內容，還要理解，機器如何「有意識」地在特定的資訊引導下產生符合應用需求的資料。就像前面介紹的DALL-E2一樣，一邊理解文本資料中的業務資訊，一邊創造出語義內涵一致的優秀圖片作品。

• 自然語言處理與語言模型

在人工智慧領域，面向不同模態的資料類型，都有對應的AI分析與應用技術，逐漸發展成為不同的技術領域分支。比如，對於語音資料的處理，對應技術是語音辨識（Automatic Speech Recognition，ASR）和語音合成（Text to Speech，TTS），對於影像和影片資料的處理，對應技術是機器視覺（Computer Vision，

CV），對於文本資料的處理，對應技術是自然語言處理（Natural Language Processing，NLP）。

其中，文本資料對資訊的表達能力非常強大，對物理世界中的概念、實體、關係、假設、過程、活動、邏輯都有對應的豐富呈現形式。因此，AIGC技術與自然語言處理技術相結合，自動生成文本資料，或基於文本資料進行實施可控的內容創作過程，是AIGC技術領域不容忽視的應用形態。以AI聊天機器人的形式出現在公眾視野的「技術新星」ChatGPT，就屬於自然語言處理方向AIGC技術的「集大成者」。

當前，有很多面向文本的資料探勘技術應用任務，比如關鍵字抽取、文本內容摘要、機器翻譯、閱讀理解、情感分析、資訊檢索、文本分類、文本聚類等。這些文本資料探勘問題可以透過單純的統計方法來解決，其中一種最常見的技術思路是把被分析的文本資料物件表示為詞特徵矢量（「詞袋模型」）的形式，實現「數值化」的映射，使得非結構化的文本資料變得可量化、可計算、可分析。

除此以外還有一種技術思路，就是從資料物件的本質出發，探索文本資料是如何自動產生的，透過對資訊的「溯源」來理解文本格式的資料，達到深層次分析的目的。在這種技術思路的引導下，資料開始關注一個非常重要的概念——語言模型（Language Model）。

語言模型是一種「動態」的理解文本資料的觀察視角，

可以更好地解釋資訊產生的底層邏輯。簡單來說，語言模型可以看作是生成文本資料的模型。從機率的視角看，給定任意的文本資料序列，語言模型都可以計算出這個資料序列出現的機率。

不同的語言模型對文本資料的表示能力不同，在不同類型的語言類 AI 分析任務中，也各具獨特的應用特點。透過精巧的語言模型，可以實現對文本類型資料的準確表示，抽象地表達文本背後蘊含的業務資訊，更好地進行文本類型資料的深度比較和分析。同時，語言模型還可以很好地完成文本資料生成的任務。基於語言模型，我們可以實現 AIGC 技術中，從資料到資訊，再從資訊到資料的技術「環路」。

儘管從廣義上來說，「詞袋模型」也是一種經典的語言模型，但是「詞袋模型」只解決了文本資料編碼問題，並不解決文本資料理解的問題，也不能透過語言模型生成新的文本類型資料。相比於「詞袋模型」，N-Gram 是一種相對更加典型的語言模型，N-Gram 是一種基於 k 階馬爾可夫鏈的內容生成模型，這個模型的技術原理很直接，透過預定義的條件機率分佈，隨機地生成一系列的詞彙，完成文本的創作（見圖 2-14）。

比如，2-Gram 是一種基於兩個詞彙之間條件機率分佈的語言模型，該語言模型定義了兩兩詞彙之間的條件機率。舉個例子，語言模型規定了詞彙「天氣」後面接著「晴朗」的條件機率是30%，那麼當 AI 演算法模型「看」到了「天氣」一詞出現後，就

會以30%的機率生成一個「晴朗」的詞彙。當然，語言模型還可能規定了「晴朗」後面出現「舒適」的機率是50%，以此類推。透過類似於這種預定義的條件機率表，就能不斷進行詞語接龍，完成文本資料自動書寫的AI任務。

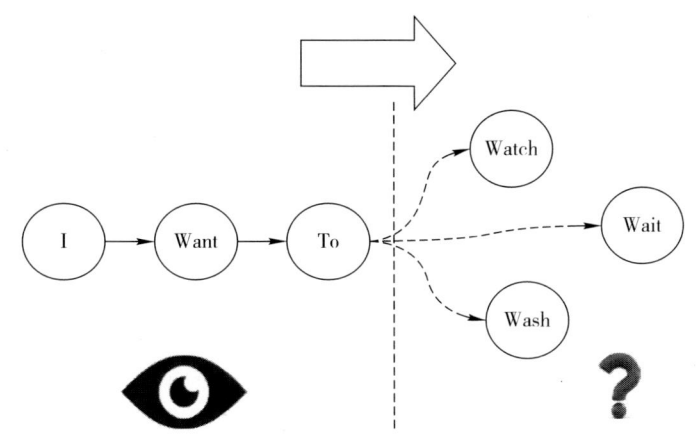

圖2-14 基於N-Gram語言模型進行詞彙預測

當然，用2-Gram模型來描述語言的生成活動，還是太「簡陋」了，因此又有很多資料科學家提出更高階的N-Gram模型，要求新的詞彙產生結果是依賴於更多前文已經出現的詞彙條件。隨著N-Gram的「階乘」不斷地增加，語言模型的參數規模會成指數級擴大，以至於達到完全不可計算猜想的程度。除此以外，詞彙之間的條件機率，並不能很好地解釋文本是如何生成的。詞彙的產生邏輯不是基於文本中的「詞面」關係，而是基於詞彙背後所闡述傳達的語義層資訊內容。

● 神經語言模型

考慮到傳統語言模型的各種弊端，未來的語言模型開始朝著與深度學習技術融合的方向發展，目的是藉助深度學習技術對資訊進行深度提取和表示。基於深度學習技術的語言模型，也叫做神經語言模型（Neural Language Model，NLM），當前大多數的AI語言分析處理技術都是基於這種語言模型架構。

文本資料是一種「不定長」的，具有時間序列特徵的資料類型。如果選擇用人工神經網路對文本資料進行資訊的表示和建模，最直觀的思想是採用循環神經網路（RNN）的基礎網路架構。循環神經網路把對文本的表示處理成一個逐字「吃入」進行閱讀理解的過程，其中每個具體詞彙出現的位置，被看成是一個特定的時間節點。

RNN的基本優點在於，無論被分析的文本資料條目有多長，都可以進行建模，以固定寬度的數值矢量對文本進行表示。基於RNN的文本資訊表示效果如圖2-15所示：

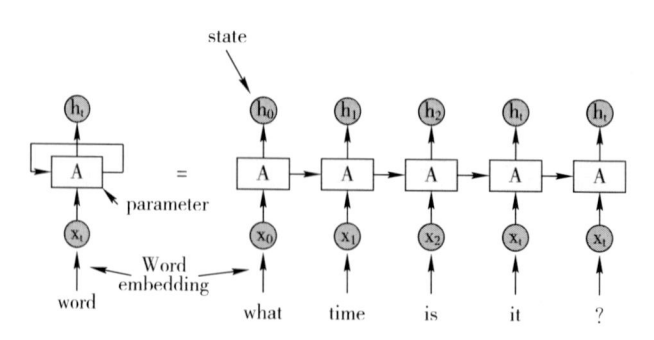

圖2-15　基於RNN進行文本序列資料的資訊表示

圖中我們看到，首先還是需要像「詞袋模型」一樣，把句子進行詞彙特徵的分割，然後把每個詞彙進行矢量化表示。之後，按照「時間」順序把詞矢量逐個輸入RNN的循環結構A中，在每個階段，A輸出的矢量都不斷融合新的詞彙特徵資訊，發生累積資訊的持續變化。透過這個過程，神經網路模型實現對文本資料的建模和語義理解。

　　在RNN中，可以透過對圖2-15中循環結構A進行精巧的設計和拓展，來提升語言模型的資訊表達能力。其中，LSTM（長短期記憶網路）和GRUs（門控循環單元）是循環結構A常選擇的兩種經典的模型結構，有效克服了傳統RNN模型在參數「梯度爆炸」方面的固有技術缺陷，從而在自然語言處理任務中的應用十分廣泛。

　　在使用深度學習模型對文本資料進行具體的AI技術應用時，一般來說，都可以先採用上述的RNN模型架構進行文本表示，然後再和下游場景端的業務資料進行融合與對齊，完成更加具體的分類或預測任務，比如對新聞資料的主題分類、對平臺線上評論的商品購買預測、對不同語言文本的自動翻譯等。

- **從語言模型到文本「創作」**

　　在AI領域，透過RNN模型可以解決文本資料表示的問題，理解文本資料背後的語義資訊。除此以外，我們還關注AIGC場景下，文本資料是如何生成的。與影像資料類似，文本資料的自

動生成技術也包括兩種基本情況：

一是完全隨機地生成文本，二是基於給定的輸入條件生成文本。後者在基本原理上，也是基於前者的邏輯強化實現的。無論是哪種情況，文本資料的生成都需要從一個語義表示的訊號開始，不斷計算在已經生成的上下文語義資訊條件下，下一個詞彙生成的機率分佈。唯一的區別就是，這個語義資訊是基於給定約束條件的語義表示，還是基於某個隨機訊號的語義表示。

這個機率分佈對應著整個辭典中各個詞彙被抽樣選擇出來的機率取值。如果我們選擇的辭典的詞彙規模是10萬，那麼我們就要知道，接下來面對這10萬個詞彙的隨機抽樣機率是怎樣的。

在2017年以前，對基於神經語言模型產生文本的任務，很多採用的是傳統的Seq-to-Seq神經網路技術架構。該模型輸入的是一個序列，輸出的內容也是一個序列，是從文本到文本的AIGC技術（見圖2-16）。這裡非常典型的應用是機器翻譯的場景，可以透過神經網路把一種語言的資料序列自動轉化為另外一種語言的資料序列。此外，這種模型架構還可以用在人機對話、問答系統等以智慧互動為基本表現形式的技術應用中。

Seq-to-Seq先透過RNN把輸入文本壓縮成一個語義矢量，然後基於這個語義矢量的訊號「指導」，不斷透過語言模型產生逐個實例化的詞彙單元。圖2-17是一個面向機器翻譯問題的Seq-to-Seq模型。

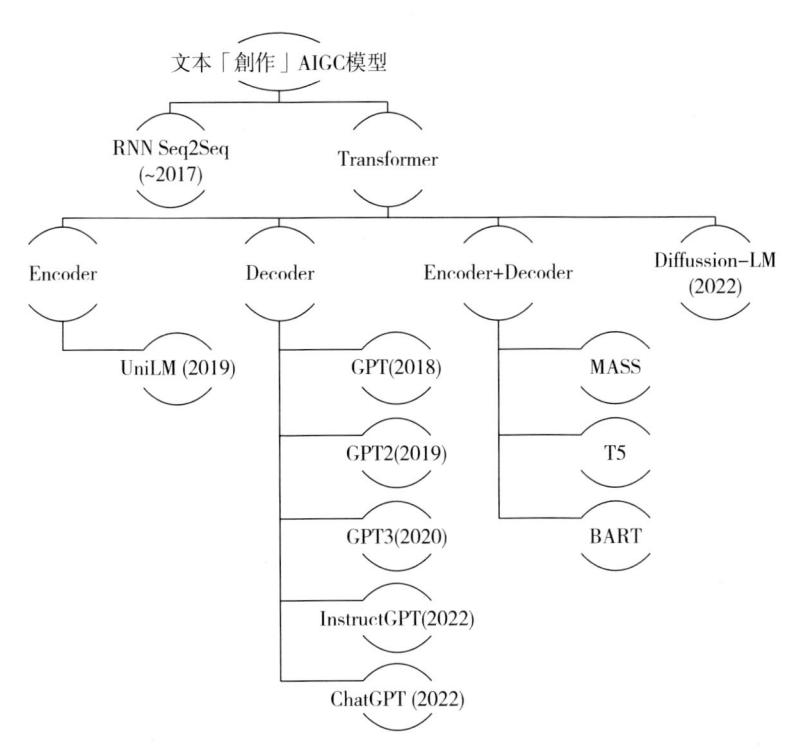

圖2-16 面向文本「創作」的AIGC主要技術模型

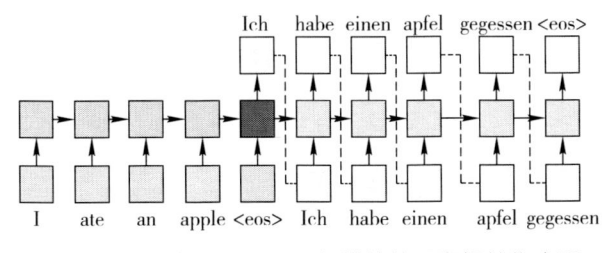

圖2-17 基於Seq-to-Seq架構的機器翻譯技術實現

具體來看，該模型首先對輸入的語言資料進行「編碼」，利用RNN的循環結構，每次讀入一個詞彙單元，不斷更新循環單元中的變數特徵，逐步提取出文本資料中的深層語義資訊，將其壓

縮表示為語義訊號矢量。然後，再對語義訊號矢量進行「解碼」操作，按照條件機率模型，依次生成各個位置的詞彙單元，每個位置上詞彙單元的輸出機率都與不斷變化的語義訊號矢量以及所輸出內容的上下文密切相關。

2017年，Google一篇名為 *Attention is All You Need* 的學術論文，把神經語言模型提到了一個更高的智慧水準，並提出了工業界「炙手可熱」的Transformer語言建模技術方案。

在Transformer的方案中，除了繼續繼承了之前RNN的基礎模型架構以及語言模型的文本內容生成能力外，神經網路模型的深度和參數規模也得到了進一步的拓展。更加值得關注的是，Transformer引入了Attention（注意力）機制。Attention機制的引入，使得深度學習模型對文本資料的「感受野」更大，可以聚焦理解文本資料在不同位置的語義資訊，同時具有更強的並行計算能力。可以說，Transformer融合了RNN和CNN兩種典型深度學習模型架構的優點。

當前，業界很多表現優異的文本分析AI模型，如BERT、GPT（1.0~3.0），以及當前最火的ChatGPT，都建立在Transformer的基礎技術架構之上，其在「編碼」和「解碼」方面的能力都達到了SOTA的水準。除此以外，Transformer還開始跨界「秀肌肉」，被廣泛應用到了影像領域，相關模型如ViT，BEiT以及MAE，在不少經典任務中也都擊敗了影像領域中的最佳模型CNN。

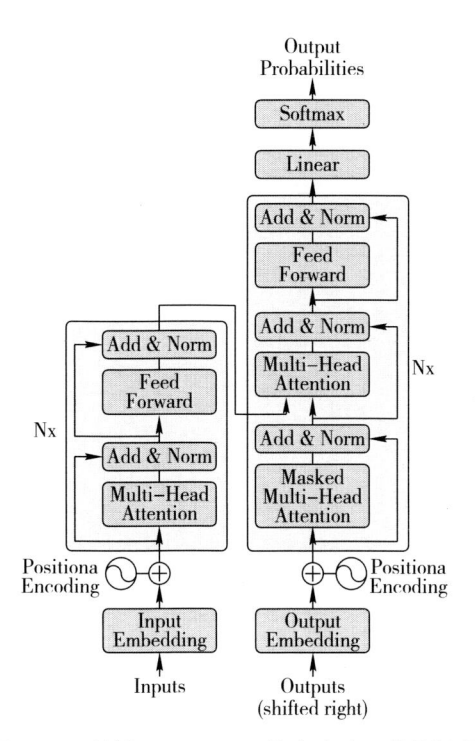

第二章
演算法奇點：深度學習的崛起與革新

圖2-18 基於Transformer的文本表示模型結構

第三章

強人工智慧之路：
大模型引領AI時代

第三章
強人工智慧之路：大模型引領AI時代

傳統的人工智慧技術只能解決垂直細分領域的問題，然而這並不是人們對人工智慧的全部期待。人們希望人工智慧技術能夠變得無所不能，能夠像真正的人類一樣，變得更有思想、更加善解人意，能夠對所有問題對答如流。基於預訓練機制的大模型，參數規模龐大，模型結構複雜，在巨量資料資源的訓練和學習基礎之上，獲得了強大的任務廣義化能力。預訓練大模型可以看作是一種通用AI的技術底座，為產業下游的具體應用定向賦能。隨著預訓練大模型與AIGC相結合，AIGC上升到了一個新的發展高度，也進一步催生了ChatGPT這樣優秀傑出的技術成果。

通用人工智慧：理想與現實

當前「火爆」的ChatGPT不僅僅是一種有趣的AIGC應用，滿足了人們和機器「隨意」聊天的興趣，更是激發了人們對人工智慧的大膽暢想。ChatGPT這個技術產品之所以令人驚嘆，在於其幾乎可以回答人們提出的任意問題，對人們能夠想到的任何千奇百怪的「要求」做出機智的回應。不僅如此，ChatGPT回饋的答案具有非常強的自然語言流暢程度，讓人們感覺到仿似是在和真人進行對話。

正是這種功能上的廣義化性以及生成內容上的真實性，帶給人們來自AI技術的震撼衝擊。人們透過ChatGPT感受到，AI技術

的發展相比過去十幾年，突然更上了一層樓，從「人工智障」慢慢變成真正的「人工智慧」。人們開始尋找未來AI技術的發展方向，從傳統的「弱人工智慧」逐漸過渡到「強人工智慧」的研究領域。

那麼，什麼是強人工智慧呢？我們現在使用的人工智慧技術，算是強人工智慧嗎？

從定義上來看，強人工智慧有很多優秀的特性，包括自我意識、知覺、強大的認知推理能力、具有獨立解決複雜問題的能力，甚至具有自己的價值觀和世界觀體系。在強人工智慧的設想下，機器幾乎可以達到人的認知能力水準，真正做到為人類分憂。

強人工智慧技術有一個非常重要的技術特性，就是對應用任務的廣義化能力。對於傳統的人工智慧演算法模型來說，一種模型只能解決一類問題，而真正的智慧，是不應該侷限於某一特定任務的，而應該是「無所不能」的。儘管不一定每件事都做到最好，但是至少不能「挑三揀四」，有的事情能做，有的事情做不了。如果AI只能做某一件事，那麼最多只能算是機器，而不能稱為機器人。

具備任務廣義化能力的AI技術，我們稱之為「通用人工智慧」（Artificial General Intelligence，AGI）。構建通用人工智慧技術模型，是當下資料科學領域的重要理論研究和技術產品創新的熱點方向。當前，人工智慧技術的發展和強人工智慧還有不小的差距，但是關於通用人工智慧的研究，正在不斷縮短這一差距。

儘管早在2016年，AlphaGo在圍棋領域已經讓人類心服口服，

但是這並不能代表，機器已經事實上超越了人類。要達到強人工智慧的技術水準，資料科學家們還有很長的路要走，需要突破很多核心的技術痛點。在AIGC技術的發展歷程中，人們透過「大模型」技術在一定程度上解決了任務廣義化性的問題，並基於ChatGPT這樣優秀的產品讓人們看到了強AI時代到來的曙光。

• 人工智慧的三大技術流派

縱觀人工智慧技術的發展歷程，自從1956年達特茅斯會議上人工智慧這個概念被提出之後，已經誕生了非常豐富的人工智慧技術成果。這些技術試圖透過不同的方式來讓機器獲得人的「智慧」，使其變得更加聰明，更加像人。

從技術實現原理上來看，這些人工智慧技術大致可以劃分為三大流派，分別是符號主義流派、行為主義流派，以及連接主義流派。

基於符號主義流派的人工智慧技術出現得比較早，這類技術的發展基礎來自邏輯學

人們透過把人對事物的認知邏輯進行符號化、編碼化，讓機器自動完成不同類型的推理分析任務。符號主義流派非常關注對知識的表示，希望透過符號的形式把人認知世界、進行生產生活實踐的經驗和方法固化和儲存下來，便於機器進行讀取和調用，用於解決實際的業務問題。

專家系統（Expert System，ES）是符號主義流派中很具有代

表性的一類應用，至今在工業設備控制、醫療診斷，以及金融等行業具有非常廣泛的應用（見圖3-1）。專家系統的優勢是邏輯清晰、易理解、便於維護，而其缺點也很明顯，主要是任務決策能力的侷限性。專家系統是一種依賴於知識規則進行自動診斷、自動控制的應用系統。這些知識規則都是由人工進行輸入和更新的，因此專家系統的水準極大地受限於人類專家水準和人力成本的投入。

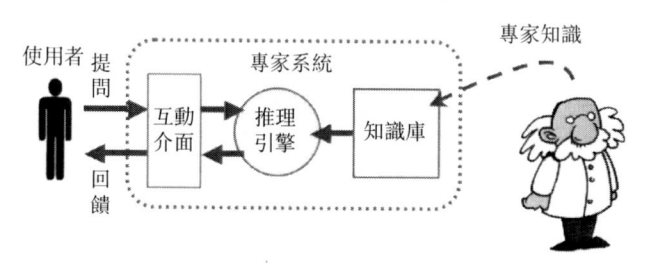

圖3-1 基於符號主義的專家系統

早期的專家系統對知識規則的覆蓋度不足，難以支持長尾以及特殊的業務需求場景，同時，這些專家系統也無法兼顧更多的應用，只能解決某個細分領域的問題。簡單來講，基於專家系統的AI技術在廣義化能力上是很弱的，這也由此導致其在近幾十年間發展得十分緩慢。

這幾年，隨著大規模知識圖譜研究的興起，符號主義學派的AI技術迎來了新一波的發展契機。透過開源管道以及海量知識庫構建的大規模知識圖譜，覆蓋了更加豐富的知識資源，可以更好地支援面向不同場景的智慧化應用。在知識圖譜上，構建概念和

實體關係網路，運用不同的「圖計算」和圖表示學習技術，完成特定的智慧推理任務。

基於行為主義流派的人工智慧技術以控制論的理論為基礎，主要探索機器在外部行為上如何表現得更加智慧化

行為主義學派的方法「跳過」了機器的底層認知環節，把注意力放在機器和外部環境的動態互動決策上。智慧控制、自適應、進化計算是行為主義流派AI技術的核心理論。

相比於比較經典的符號主義流派，行為主義是20世紀末才以人工智慧新學派的面孔出現的，該學派的代表作是布魯克斯的六足行走機器人，這是一個新一代的「控制論動物」，本質上，它是基於「感知—動作」模式模擬昆蟲行為的控制系統（見圖3-2）。除此以外，行為主義著名的研究成果還有波士頓動力機器人和波士頓「大狗」，其智慧能力不是來自「大腦」中樞指揮，而是來自機器四肢與環境自下而上的動態互動。

圖3-2 基於行為主義的六足機器人

現在很多和硬體結合的智慧機器人形態的 AI 產品，都延續了行為主義流派的底層技術思路，比如工業製造機器人、物流機器人、無人駕駛汽車，以及很多家用機器人，包括掃地機器人、刷碗機器人，以及煮飯機器人等。這些智慧機器人普遍採用了基於強化學習的 AI 演算法，這也是當下除了深度學習以外，人工智慧技術中非常流行的一個研究和創新方向。

強化學習演算法的本質是一種基於「環境互動」的能力，在模型的設計中，需要設定一個獎勵函數，透過這個獎勵函數對每一次機器與環境的互動回饋進行評價。好的互動回饋會被不斷強化，而負面的互動回饋也同樣會被弱化。透過這種方式，機器就可以學習到對自身有利的行為，只要有好的外部激勵引導，機器就會變得越來越符合人們對它的行為預期。

連接主義流派的靈感來自「仿生學」，目的是模擬人腦，基於人工神經網路模型的深度學習技術，就是連接主義的典型「代表作」

相比於符號主義和行為主義，連接主義流派幾乎可以說是當下最「出風頭」的 AI 技術流派。

從 AlphaGo 到 GAN，從 BERT 到 ChatGPT，深度學習技術不斷重繪著人們對「智慧」的認知和理解。在大數據時代，深度學習技術可以更好地利用資料規模的優勢，能夠把複雜的「推理」問題轉化為「高強度」的計算問題。而隨著「雲端運算」技術的改進和普及，關於算力不足的問題逐漸得到了根本意義上的解決。

深度學習技術對智慧產業發展的推動效果，也隨之爆發出了更大的潛力。

在未來的一段時間內，伴隨著ChatGPT帶來的諸多產業機會，以連接主義為主導思想的AIGC技術仍然會是AI技術的重要發展方向。

當然，每種技術流派都有其先天的優勢。比如，符號主義的優勢在於具有強可解釋性，資料分析過程更加可控，同時可以更好地直接繼承和利用人們「寶貴」的業務經驗；基於行為主義的AI技術具有更強的環境適應性，能夠更加靈活地應對各種「棘手」的具體業務問題，同時更擅長解決多階段的複雜決策問題；連接主義的優勢則在於強大的資訊表示能力和生成能力，更加適合巨量資料環境的技術應用場景。

不同AI技術流派也在以相互融合的方式逐漸發展。例如，著名的AlphaGo和ChatGPT都同時用到了深度學習和強化學習的技術，即融合了連接主義和行為主義兩種典型的AI實現技術思路。基於神經網路的大規模知識圖譜推理分析，以及面向海量非結構化資料的知識抽取任務，則同時兼具了連接主義和符號主義的技術特徵。

● 如何獲得「通用」的AI技術

不管是從哪種AI流派出發，人們都是要達到一種通用人工智慧的技術效果。近些年，隨著深度學習技術熱度的不斷提高，以及基於神經網路的演算法創新的「井噴」，很多前沿的「通用」

AI嘗試都圍繞著以資料驅動的技術策略展開。

在深度學習的演算法模型中，模型本身的變數沒有固定不變的業務含義，在不改變模型變數和模型結構的情況下，僅改變進行訓練的資料集，得到不同的模型參數結果，就可以將深度學習技術模型適用於不同的具體任務中。這種技術特性使得深度學習的模型具有一個非常特殊的好處，就是模型本身是可以「複用」的。

深度學習模型獲得「通用性」，本質就是充分利用演算法模型的「複用」能力。模型複用的核心在於知識的複用，或者說在於知識的共享。現實中，解決任何問題都不是從0開始的，我們要讓AI技術學會如何站在巨人的肩膀上解決問題。

利用演算法模型的複用能力，人們首先想到了「遷移學習」（transfer learning）的技術方案。在遷移學習的技術設想下，可以把基於某個任務得到的技術模型，用另外一個任務的資料集中重新「訓練」一遍，以供他用。

那麼，到底應該怎麼理解「遷移」這件事呢？

當透過資料訓練得到一個模型時，根本的目的是獲得模型的具體參數取值。恰當的參數取值，可以保證透過模型得到的輸入和輸出變數與資料集中的輸入和輸出變數是一致的。因此，當模型對應的實際應用任務發生變化時，就需要選擇不同的資料集，而不同的資料集就會導致不同的模型參數選擇結果。

基於資料集求解模型參數時，由於模型的結構非常複雜，很

難直接進行求解。因此實際操作時，需要從某個「初始解」開始，透過一步一步疊代的方式搜尋找到這個「最佳解」。「最佳解」的結果位置和兩個因素非常相關，一個是參數的疊代搜尋規則，另一個就是模型參數的「初始解」。一個好的「初始解」可以讓模型更快地跑向「成功」的位置。畢竟，起跑線對最後成績的影響是不容忽視的。

構建模型時，如果沒有任何資訊參考，那麼一般來說參數的疊代都是基於一組亂數開始的；如果有外部有效的資訊以供參考，從一組被特意選擇的參數開始進行參數的疊代搜尋，那麼最終得到的模型結果也會更容易符合資料建模的需求。

透過遷移學習的方式進行資料建模時，第一步，先在一個「原」任務上進行建模，得到一組模型參數，獲得一個初始的資料模型。第二步，從初始的資料模型開始，以這個「原」任務的資料模型參數為初始值，在另一個任務上「繼續」進行參數訓練，透過參數疊代更新的方式找到新任務的參數解。

為什麼遷移學習這種方案是有效的？其答案很簡單，即演算法模型的參數取值本身是知識的一種呈現形式。如果「原」任務和新任務，彼此之間具有一定的業務邏輯關聯，那麼意味著兩個任務之間在知識上是共享的。

遷移學習的策略，目的是在深度學習模型的構建過程中，盡可能地複用可以被共享的業務知識，提高機器對任務技能的學習效率。換句話說，就是要讓機器具備一定的「舉一反三」

的學習能力。而這種「舉一反三」能力，在日常生活中有很多有趣的例子，比如，精通圍棋的人可能在象棋的學習上比一般人會學得更快；英語比較好的學生，可能西班牙語的學習效率也高過普通學生。

除了遷移學習外，還有一種比較獨特的學習策略，可以讓機器掌握具有通用性的業務知識，這種學習策略叫做「元學習」。在資料科學領域，和「元」相關的技術概念非常之多，比如元學習、元資料、元知識、元宇宙……

所謂元學習，就是讓機器掌握學習某一類問題的通用方法，透過元學習方法可以把上面提到的這種領域通用的知識直接「提煉」出來。在元學習過程中，同時對多個任務的多個資料集進行聯合建模，構建出可以用於能力共享的通用技術模型。

當然，不管是遷移學習還是元學習，目的都是為資料建模技術找到一個「通用」的技術底座基礎。在這個技術底座，或者說在具有參數賦值基礎的模型之上，只需要依賴非常少量的新資料，就可以讓模型學習到對應的 AI 應用能力（見圖 3-3）。

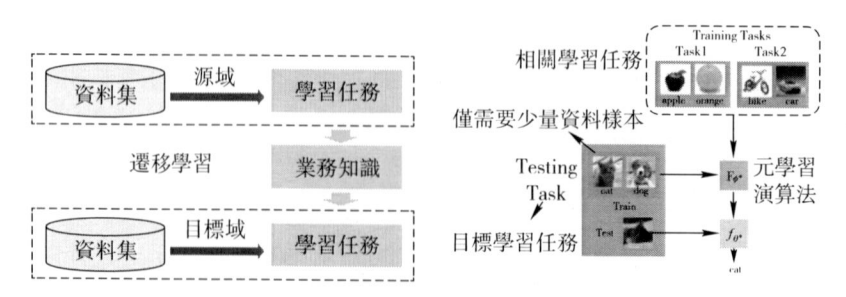

圖 3-3　面向通用 AI 的遷移學習（左）vs 元學習（右）

未來，我們希望人工智慧技術具備通用性，因此我們就希望能夠極大地提高機器尋找共性知識的能力。在大數據時代，我們不再遵循傳統機器學習模式，分別針對每個任務獨立進行建模的工作思路，那樣的做法的確太低效了。我們希望能夠找到一種相對「一勞永逸」的方法，構建一個更加通用的基礎模型，更大程度、更大比例地「汲取」社會活動中的通用知識，把演算法模型的學習活動盡量「前置」。

在這種技術架構的設想下，每當機器遇到一個新的技術問題，不用再重新進行參數建模，只需要在通用模型的基礎上稍微調整一下，就能獲得很好的模型應用效果。這種技術架構的資料建模機制也叫做「預訓練」（pre-trained）機制。所謂預訓練，其實就是資料建模中的初始模型預先被訓練過，建模過程不是一個從零開始的工作，而是一個有演算法參數基礎的二次加工的技術活動。

在這種機制下，資料建模的工作分為兩個步驟：①引用通用的演算法模型；②在通用演算法模型上進行參數微調（fine-tuning），進行增量的模型學習。

在「預訓練」機制中，被應用的通用演算法模型通常為深度學習技術模型，其結構複雜、參數規模龐大，因此業界一般稱之為大模型或預訓練大模型。預訓練大模型不僅提高了資料建模任務的效率，同時也讓更多人工智慧應用具有更加強大的綜合效能。

預訓練大模型是AIGC技術的主角，可以獨立應用支持日常的內容理解和智慧互動，也可以融合補充資料資源，在垂直領域

的業務問題上達到SOTA[①]的效果。ChatGPT的風靡和AIGC產業的繁榮，再次證實了大模型在產業落地方面有不可估量的技術前景，這也是未來AI技術研究和創新應用的主流發展方向。

預訓練大模型：技術探祕

隨著預訓練大模型的廣泛普及和應用，AI技術的發展突破了「廣義化性」方面的瓶頸。人工智慧從小模型、單任務的形態特徵，朝著大模型、多任務的特徵方向進行演化。在實際產業應用中，一些頭部的IT企業，比如Google、OpenAI、DeepMind、NVIDIA，基於他們自身對巨量資料的快速獲取能力以及超大的底層計算能力，率先構建出了一批面向不同資料類型的AIGC預訓練大模型（見表3-1）。

表3-1 與國外主流的預訓練AIGC大模型

公司	預訓練模型	應用	參數規模	領域
Google	BERT	語言理解與生成	4810億	NLP
	LaMDA	對話系統	—	NLP
	PaLM	語言理解與生成、推理、代碼生成	5400億	NLP
	Imagen	語言理解與影像生成	100億	多模態
	Parti	語言理解與影像生成	200億	多模態

---

① SOTA 實際上是 State of the arts 的縮寫，SOTA result 指的是在該項研究任務中，目前最好的模型的結果/效能/表現。

續表

公司	預訓練模型	應用	參數規模	領域
微軟	Florence	視覺辨識	6.4億	CV
	Turing-NLG	語言理解與生成	170億	NLP
Facebook	OPT-175B	語言模型	1750億	NLP
	M2M-100	100種語言互譯	150億	NLP
DeepMind	Galo	多面手的智慧體	12億	多模態
	Gopher	語言理解與生成	2800億	NLP
	AlphaCode	代碼生成	414億	NLP
OpenAI	GPT3	語言理解與生成、推理	1750億	NLP
	CLIP&DALL-E	影像生成、跨模態檢索	120億	多模態
	Cadex	代碼生成	120億	NLP
	ChatGPT	語言理解與生成、推理	—	NLP
NVIDIA	Megatron-Tumning NLG	語言理解與生成、推理	5300億	NLP
Stability AI	Stable Diffusion	語言理解與影像生成	—	多模態

資料來源：《AIGC發展趨勢報告2023》。

這些預訓練大模型主要是涉及自然語言理解、機器視覺，以及文本和影像之間跨模態交叉應用等領域，模型的參數規模十分龐大，從幾億到幾千億不等。在這些大模型的構建活動中，往往需要投入巨大的資料資源和算力資源，使得構建通用AI這件事本身成為一件有技術門檻的「奢侈」專案。可以看到，當前國際上參與到預訓練大模型建設的企業主要是Google、微軟、Facebook、OpenAI、NVIDIA等少數頭部科技大廠企業。

但是儘管如此，很多大模型現在已經被「開源化」，比如UMLFit、BERT、GPT-2、ELMo等，這些開源大模型為產業端各界進行二次開發和在地化部署提供極大便利，支援不同行業的AI細分場景化應用。頭部企業大模型為B端企業進行賦能的業務模式，使得「預訓練」加「業務定製」成為未來主流的AI技術實現方式。大多數的企業，儘管不具備「從頭構建」大模型的技術基礎，但是只要能夠「用好」大模型就可以了。

那麼，預訓練大模型到底為下游的產業端應用提供了什麼形式的技術支援呢？預訓練大模型本身到底學到了什麼樣的「通用」知識呢？

預訓練大模型一般會學習到三類知識。一是資訊抽取類知識，是指如何把特定類型的資料進行有效資訊表示，本質上是個編碼器（encoder）的模型結構；二是內容合成類知識，是指如何基於給定資訊約束，以及特定的上下文資訊進行內容自動生成，本質上是個解碼器（decoder）的模型結構；三是資料互動類知識，是指如何根據某一類的資料輸入自動轉化為另一類的資料輸出，本質上是個編碼器加解碼器（encoder-decoder）的複合結構。這三類結構都可以用於AIGC的技術模型設計中，區別僅在於是在預訓練大模型基礎上額外附加一個解碼器的模組，還是複用預訓練大模型自身的解碼器模組。

未來，AI大模型將成為一種數位化基建專案，作為一種技術底座為不同企業提供基礎AI能力，讓更多的企業參與到數位產業

的智慧變革中。對於行業方面的應用，企業只需要能夠對現成的大模型進行調用，在大模型的基礎上，結合自身業務場景的「專有資料」，進行模型參數的進一步優化和更新，而不必從頭開始進行資料建模。透過模型參數的共享和繼承複用，相當於應用端的企業也「間接」獲得了前期用於訓練大模型的巨量資料資源所蘊含的寶貴知識。

這些基礎的「大模型」，可以像水和電一樣，成為企業營運的基礎能力，隨取隨用。企業不需要知道這些大模型是怎麼來的，也不必親自下場去構建這些大模型，而只需要了解大模型的基本原理、特性，以及使用方式，熟悉如何更好地利用大模型的AI能力介面和服務，將其整合在自身的技術產品設計和數位化場景建設中。

- 預訓練大模型的技術魅力

在以Transformer為代表的大模型出現之前，無論是用於分析還是用於生成的AI技術，並沒有統一的演算法模型架構。技術應用廠商在面對不同細分問題時，會非常靈活地進行深度學習的技術選型，無論是基礎模型的類型，還是模型的參數結構和規模，都具有非常大的任意性。儘管深度學習技術本身對資料規模的依賴性比較強，早期的AI模型仍然屬於小模型的建模思維，即「一事一議」地針對不同資料資源獨立進行資料建模。

大模型的出現和流行，不僅在綜合能力表現上使人嘆為觀

止，更是給產業各領域 AI 技術的廣泛應用帶來了諸多實質性的益處。

大模型最大的優勢是具有業務通用性

基於大模型的預訓練機制，可以做到「一次開發，多場景應用」。這種技術建模方式極大地提高了 AI 技術的普惠能力。不僅資料資源可以複用，基於資料資源構建的模型資源也可以複用，這就意味著實現了廣泛的知識共享和能力共享效果。通用人工智慧是未來的技術發展趨勢，通用性更強的技術成果同時也代表面向整個社會更高的「成本收益率」，這會極大地激發產業端對人工智慧技術的研發投入，實現技術產業革命的良性循環。

其次，大模型充分發揮了「預訓練」機制的架構優勢，提高了業務前端技術建模的效率和效果。在現有的模型參數基礎之上，進行「增量」的建模工作，相當於在綜合商圈裡面開門店，屬於錦上添花。AI 的「神祕面紗」將逐漸向社會各界揭開，而隨著這次 ChatGPT 的風靡，其意義不僅是讓大眾使用者認識和熟悉 AI，更是需要降低應用 AI 技術的門檻，激勵 B 端的廣大企業利用大模型的技術優勢進行業務智慧化升級。

大模型促進了「低資源」資料建模場景的突破和發展

所謂低資源，是指在資料建模過程中，用來「訓練」的資料集的品質不高或資料稀少的情況。在傳統的機器學習和深度學習技術範式下，可供有效建模的資料資源是非常有限的。導致資料稀缺性的主要原因在於，很多業務場景的資訊採集難度

大，或者資料資源的人工標註成本很高。基於預訓練大模型進行「二次開發」式的建模方法，可以降低AI研發對資料規模的依賴性。未來，少樣本學習、零樣本學習，將逐漸成為主流的機器學習方式。

在實際建模應用中，經常只需要非常少的資料樣本，就能達到令人滿意的資料建模結果，在一些特殊情況下，甚至不需要重新訓練，這些優質的大模型就可以很好地兼容前端的業務場景。大模型的普及有效解決了「樣本匱乏」的技術建模痛點，把模型對資料的依賴性前移，顯著緩解了資料資源不足與業務智慧化升級之間的根本矛盾，幫助了不少初級階段的企業突破「無資料、無智慧、無業務」的冷啟動困境。

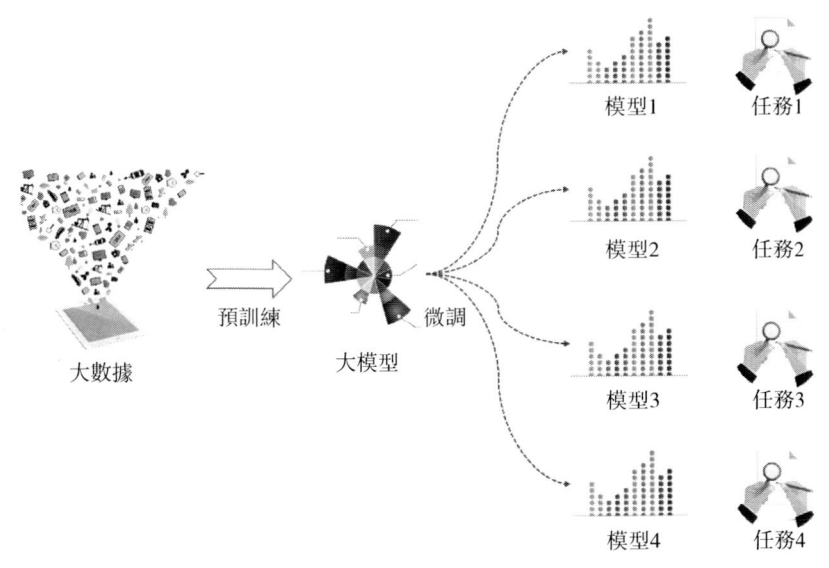

圖3-4　基於「預訓練+微調」的應用模型快速實現

大模型還促進了資料資源的多模態融合，極大地推動了跨業務、跨專題、跨層級的數位應用創新

結合深度學習模型的基本結構特性，可以把不同模態的資料壓縮為抽象的資訊表示，在資訊層進行「語義對齊」，將不同模態的資料資源進行深度關聯與整合，進行更高抽象層級的資料加工與分析。

當前，很多大模型都立足於解決或兼容和資料模態「映射」相關的問題場景，比如文本與影像、文本與影片、文本與代碼、文本與音訊、不同語言文本、2D影像與3D影像等各種差異化的資料資源的分析和轉換。具有跨模態屬性的大模型，可以把一種類型的資料「翻譯」為另一種類型的資料輸出，也可以同時理解多種資料類型的輸入，進行綜合的資料分析與相應的內容自動合成。

大模型在最終效能上也進一步強化了AI的基礎能力水準

值得注意的是，除了效率和成本，大模型不僅能解決感知類的問題，還能解決認知類的問題，具有更綜合的資訊處理能力。在ChatGPT中，透過我們輸入的內容以及ChatGPT給出的相對符合邏輯的回應，我們感覺到，這個聊天機器人似乎確實在思考，而不僅僅是像一個搜尋引擎一樣，單純地給出表面相關的資料結果應答。

當AI執行感知類任務時，主要是對外部環境中的資訊進行初步分析，比如對影像、影片中的物件進行辨識和理解，而AI的認

知類任務，更多體現在對自然語言處理相關的 AI 應用中，比如機器翻譯、問答互動、廣告推薦、搜尋引擎、預測系統、情感計算、AI 寫作、智慧客服、專家系統等。

在認知類任務中，機器不僅需要理解數位訊號對應的表面資訊，還要融合知識和經驗，基於所見資訊進行綜合分析和推理，創造出新的業務結論。在人工智慧的三大流派中，符號主義和連接主義都對認知類任務具有比較成熟的解決思路。

在符號主義流派中，當前最流行的代表性成果是知識圖譜技術，透過在圖資料中進行路徑搜尋或連結預測，就能達到人類的認知能力效果。在連接主義流派中，相媲美的代表性成果是深度學習技術，更加確切來說是基於預訓練機制的大模型。只要給定深度學習演算法模型的原始輸入條件，透過複雜的參數計算就可以直接進行「端到端」的目標結果預測，在整個演算法執行過程中可以完全忽略掉中間的複雜邏輯過程。

早期的深度學習技術大多數侷限於感知類任務，比如採用 CNN 進行影像分類或基於 RNN 模型進行文本資料的情感分析。而在大模型的技術發展驅動下，隨著模型的結構逐漸複雜，深度學習演算法不僅可以學習到如何提取更深層的語義資訊，還能學習如何對這些語義資訊進行綜合的加工處理，達到推理及預測的應用效果。

知識圖譜是顯性的認知計算，深度學習是隱性的認知計算。深度人工神經網路能夠以非線性數值計算的方式間接地完成推理

任務，表現出類人的「分析邏輯」，使得機器看起來更加智慧，甚至呈現出一定的「智慧」。

從感知到認知，是一種技術能力湧現的現象。所謂湧現，是複雜系統中的一種關鍵概念，指的是某些初級功能或特效經過非線性疊加之後，可以產生更高層級的現象。湧現也可以理解為在複雜的互作用驅動下，事物的特徵發展產生根本上的變化。這個規律對於深度學習演算法模型來說同樣適用。隨著模型的複雜度不斷提高，以及用於訓練模型的資料規模不斷增加，模型漸漸地從一般的感知能力中衍生出更高級的認知能力特性。

舉例來說，在經過大規模的自然語言資料的訓練後，ChatGPT可以做到對數學應用題的理解並提供相應的結果計算，或者透過人們對業務問題的描述自動生成一致的電腦程式代碼，同時，在回答開放性問題時，也同樣表現出了驚人的創新思維。ChatGPT提供的不僅是簡單的內容搜尋結果，而且仿似真的在認真領悟提問者的意圖，並透過嚴謹的思考、分析以及想像，給出綜合的應答回饋。

- 如何構建優美的大模型

儘管業界對大模型的關注早在2017年Transformer「紅出圈」的時候就已開始，但是當前「圈內」真正的高級玩家卻仍然不多。對於大模型的研究和實現，並非易事，這項工程具有非常高的技術門檻，對企業資源的要求非常苛刻。毫不誇張地說，構建

第三章
強人工智慧之路：大模型引領AI時代

一個可靠的AI大模型，相當於搭建一個高功率的發電站，屬於基建類的龐大專案。

那麼，完成大模型的構建任務，到底有哪些難點呢？

先來講一下有關資料的問題。在任何技術建模的應用中，資料都是不容忽視的關鍵技術資源。在訓練模型的參數時，需要有資料集的監督引導，讓模型從任務相關的資料中觀察到有效的業務規律，提煉核心知識，並以參數賦值的方式將這些知識沉澱。資料有多麼重要？可以用工程師們經常調侃的一句話來形容，「garbage in, garbage out」，話外音是，如果用來訓練模型的資料不可靠，那麼模型也就變得不可用。

在機器學習領域有一個很著名的概念，叫「過擬合」（overfitting），指的是資料模型的廣義化能力不足，只能保證模型在有限的、可觀察的資料集中表現不錯，而沒辦法兼顧到未知的新問題、新場景。這就好比某個學生只是隨便做了幾道題，就上了考場，結果大多數的題目都完全沒思路，成績自然就不會理想。為了克服建模中的「過擬合」的問題，很直觀的想法就是擴大數據集，讓機器能夠從更多數據資料中進行學習，變得「見多識廣」。

越是複雜的任務，越是需要複雜的演算法模型來支援。對於參數規模龐大，模型結構複雜的深度學習大模型，相應地，必須要見識過更多的資料，才能學習到有效的模型參數。

當前產業應用所需的大模型，需要具備很強的通用性，在下

游應用兼容任意場景，模型僅對資料的模態進行限制，而不對資料的主題進行限制。這種強通用性的 AI 模型，由於需要支援多樣化的需求，其所蘊含的知識體量需要非常龐大，因此一般來說，模型的最終「實力」也會隨著其自身參數規模的增加而成正比提升。我們可以看到，2019 年至 2022 年期間，前沿的 AI 模型體量成長趨勢已經從最初的幾十萬的參數規模，逐漸成長到了數十億的體量（見圖 3-5）。

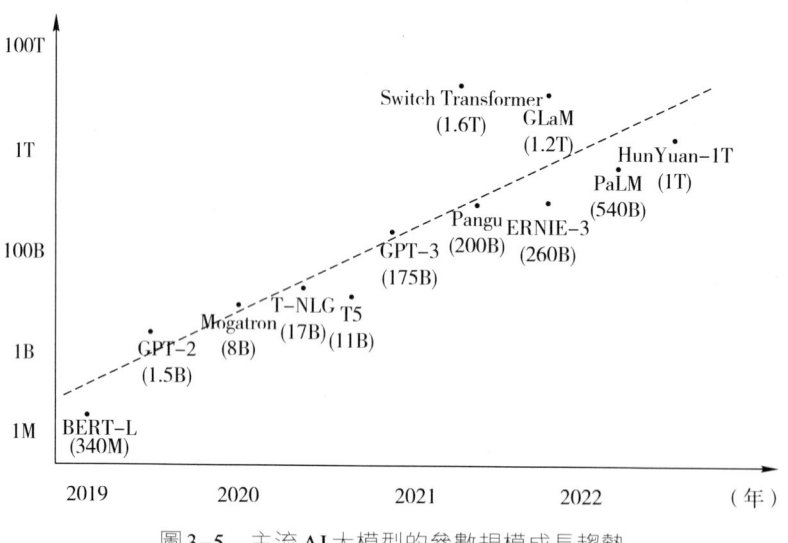

圖 3-5　主流 AI 大模型的參數規模成長趨勢

以面向文本資料的 ChatGPT 模型為例，在資料建模過程中，透過網路爬蟲技術從互聯網上批量抓取海量的文本資料，同時也集成其他諸多領域的大規模公共資料集，並將所有這些文本數據資料都當作訓練模型參數的輸入資料。這些用於模型訓練的資料內容覆蓋面非常廣，幾乎涉及所有專業領域、所有業務問題場

景,因此產生的模型相應地具有非常強大的任務廣義化能力。

那麼,應該如何獲得支援如此大體量模型訓練的有效資料集呢?

人工標註這些資料顯然是不可能的,我們需要一種自動化、規模化構建訓練資料集的可靠技術手段。當下比較流行的做法是採用天然「自帶標籤」的資料集進行建模。這裡說的「自帶標籤」並非指資料集是有標註的,而是強調可以透過對資料結構的分析,自動獲得等價的標註資訊。相應的資料建模技術也叫做自監督學習(self-supervised learning)。

自監督學習主要是利用「輔助任務」從大規模的無標註資料中構造有效的「資料對」,透過這些構造的「資料對」涵蓋的監督資訊對AI演算法模型進行訓練。每個「資料對」都對應著一個輸入和一個輸出,整個資料集就是由非常多這樣的「資料對」組成的。自監督學習技術的關鍵在於如何利用資料本身的結構來定義資料對的產生規則。

簡單來講,自監督學習最直接的優勢就是可以在無標籤的資料上完成模型的訓練。未來基於無標籤資料的AI建模技術將變得越來越重要,這也是促進大規模資料資源探勘,以及推動通用人工智慧產業全面落地極具價值的技術方向。

自監督學習的主要技術路線分為三類,基於上下文(context based)的方法、基於時序(temporal based)的方法,以及基於對比(contrastive based)的方法。

基於上下文的自監督學習方法主要用於單一資料資源場景中預訓練大模型的建模任務中，比如針對單純的文本類型資料或影像類型資料的分析建模。該方法經常採用「遮罩」策略來獲得能夠提供監督資訊的資料物件。

例如，當構建自然語言的預訓練大模型時，針對每條文本資料，都可以隨機地把某個位置的詞彙遮住，並假設這個詞彙是未知的。接著定義一個詞彙預測的任務，在這個任務中，演算法根據已知文本的上下文資訊，對被遮住的詞彙進行預測。

舉例來說，如果某條文本資料記錄為：

「ChatGPT是美國人工智慧研究實驗室OpenAI新推出的一種人工智慧技術驅動的自然語言處理工具。」

接下來，將其中的某個詞彙掩蓋住，比如「實驗室」，那麼在構造出的「輔助任務」中，預訓練大模型的輸入資料就是：

「ChatGPT是美國人工智慧研究【　　】OpenAI新推出的一種人工智慧技術驅動的自然語言處理工具。」

模型對應的輸出資料則為「實驗室」。

這種透過「遮罩」策略構建的自監督學習模型，可以保證每一條無標註的文本資料都轉化為「輔助任務」中的有標註的資料資源，為模型的參數學習提供資訊指引。自然語言預訓練大模型BERT就是基於遮罩策略迅速累積了用於參數學習訓練的海量文本資料資源。

基於時序的自監督學習方法，是將時間上的相關性作為內容

上的相似性，從現有的資料物件中提取有價值的監督資訊。這類方法的一種典型應用場景是面向影片幀的相似度分析問題。在影片分析的研究領域中，通常假設影片中的相鄰幀的特徵是相似的，而相隔較遠的影片幀之間的相似度較低。透過這種規則，可以構建出一系列相似以及不相似的影片幀關係，以此來指導模型學習如何對影片幀的內容特徵進行比較。

基於對比的自監督學習方法，從資料集中尋找能夠兩兩建立資料相似度關係的資料特徵線索。基於時序的方法本質上也是對比方法的一種特殊情況。另外，更普遍的一種應用場景是面向多模態資料集的建模應用。當同時對多個模態的資料物件進行建模時，需要比較不同模態資料之間的內容相似性。這就要求在自監督學習任務中，透過巧妙設計的既定規則，在現有資料集中對不同模態資料進行自動「配對」，實現「語義對齊」的操作，構建出相應的監督訊號。

多模態資料建模任務中，常見的「配對」資料關係包括圖片與文字之間的對應關係和字幕與音訊的對應關係。在網路環境中，很多圖片資訊都帶有附加的配文說明，這本身是非常優質的模型訓練資料素材。透過使用這些「圖—文」關聯資料進行模型參數訓練，可以獲得能夠同時對影像和文本資料進行語義表示的多模態預訓練大模型。

前文中「以文生圖」的著名應用DALL-E2，底層架構是基於CLIP和Diffusion的兩個基礎模型。其中，CLIP是典型的多模

態預訓練大模型，可以對任意的文本資料和影像資料分別進行準確的語義編碼，該能力可以保證後續的Diffusion模型能夠準確理解文本資料的資訊意圖，透過AI自動繪製出滿足語義需求的影像作品。

在CLIP的訓練過程中，研究人員使用了從互聯網平臺獲取的4億個「圖—文」資料對。在資料集的準備階段，具體的方式是首先準備5萬條文本查詢語句，使用每條查詢語句從網路上抓取最多2萬張圖，透過查詢語句和圖片的對應關係構建4億個資料樣本。其中，5萬條查詢語句來源於Wikipedia的常用詞以及基於常用詞構成的詞組。

結合以上討論，自監督學習中引導參數學習的資料資源不再是稀缺的技術要素，這些資料資源不是專門為了AI建模任務臨時構造出的，更多是客觀存在的。資料科學家不需要專門為了大模型的訓練工作以人工標註的方式構造大規模的龐大數據庫，而只需要把注意力放在如何從現有的數位世界，比如開源互聯網、公共語料庫、電子文件，發現並採集已經具有「自然標註」的豐富資料資源。自監督學習方法的普及解放了大量的標註人員，正在逐步打破「更多人工、更多智慧」的AI技術產業魔咒。

在構建了充足的資料集之後，接下來的重點工作就是對模型的參數進行學習訓練。在小模型的任務中，模型的訓練過程並不值得一提，基於隨機梯度下降的參數優化方法已經應用得十分成熟。儘管一般的深度學習演算法模型的參數結構也足夠複雜，但

是對模型的參數進行求解時,並不需要費力地計算解析,而只要按照梯度的方向進行疊代式的搜尋就好了。

然而,面對巨量資料集,當參數的規模進一步增加時,對參數進行訓練,任務就會變得特別困難。任何事物規模化後,都不會是易事,哪怕本質的技術方法已經不再是祕密。每一次梯度方向更新,計算的算力需求都會更大,同時找到有效的模型參數組合位置也更加困難。

很多人說,大模型的訓練難點不是技術問題,本質上是工程問題。大模型的訓練依賴於非常大的計算資源,不僅需要消耗超大的記憶體來儲存模型參數以及相關中間結果,同時還需要有超高效能的底層基礎算力來支援。

為了解決算力方面的瓶頸,需要在軟體架構上進行改善,比如採用分佈式的技術架構進行聯合的資料建模,提高計算任務的並行化水準,有效提升資料建模的綜合效率,縮短每一次模型訓練的時間週期。在分佈式架構的具體實施中,需要考慮很多工程類的技術問題,包括如何進行任務分解和資料分割,以及增加不同計算節點之間的通訊效率和任務結果輸出的穩定性。

此外,基於深度學習的神經網路模型建模依賴於大量的浮點計算,傳統的CPU晶圓已經無力應對超大規模的模型構建任務。目前,業界主要採用圖形處理器(Graphics Processing Unit,GPU)、張量處理單元(Tensor Processing Unit,TPU),以及神經網路處理器(Neural Network Processing Unit,NPU)來進行相

關的資料處理的加速操作。隨著各種新型AI晶圓的出現，深度學習模型的訓練效率將會得到體系化的快速提升，相應的整體建模能耗也會變得更低。

透過工程上的優化，不僅提高了大模型生成的效率，還有利於降低成本開銷。研發大模型的成本開銷一方面來自經濟方面，另一方面來自對環境的影響。

在構建AI大模型時，技術廠商需要付出高昂的資金代價。以OpenAI的某個早期的ChatGPT版本GPT-3為例，其模型的參數規模達到了1750億，在訓練規模如此龐大的深度學習模型時，光是在硬體和電力方面的成本，就高達1200萬美元，折合約7500萬元。這筆開銷對於任意一個技術廠商，都是不容忽視的一筆巨額的技術投入，這還不包括後期模型上線營運的維護成本。

除了「燒錢」以外，AI模型的訓練還會對環境產生影響。我們應該注意到，技術的進步不應以對自然環境的破壞為代價。AI模型訓練會消耗電能，實際上是會產生「碳排放」的（見表3-2）。

表3-2　不同大型語言模型的碳排放統計

模型	能源消耗/MWh	CO_2排放量/噸
Evolved Transformer	7.5	3.2
T5	85.7	46.7
Meena	232	96.4
Gshard 600B	24.1	4.8

續表

模型	能源消耗/MWh	CO_2排放量/噸
Switch Transformer	179	72.2
GPT-3	1287	522.1
PaLM	3181	271

繼續以GPT-3為例，經測算，其在模型的參數訓練階段一共消耗了1287兆瓦時的電力，產生了552噸的碳排放，相當於一輛汽車120年的排放量。ChatGPT的能耗水準同樣不可低估，自從2022年11月底上線以來，其碳排放已累計超過814.61噸，在當前熱度的日均訪問量規模下，月排放量至少要在100噸的水準。

未來，AI模型會變得越來越龐大，功能也會變得越來越通用，相應的技術建模任務對資料、能源、網路、人力、資金等各方面的資源消耗也在迅速成長。高效和節能將成為非常值得人們關注的技術主題。技術的創新不僅是為了改善人們的生活水準，還要堅持綠色發展的基本原則，同時也要朝著更加普惠和實用的方向不斷演化和發展。

揭開ChatGPT的神祕面紗

前面我們介紹了AIGC技術和大模型，我們看到，基於預訓練機制的超大規模神經網路可以產生驚人的語義理解能力和內容

創作能力，最終以ChatGPT的產品形態向世人展示了前沿的AI技術水準。在了解核心技術原理的基礎上，我們可以更好地理解ChatGPT究竟是如何工作的，並且深入地認識它的「能」與「不能」，更加理性地看待ChatGPT對我們生活和工作的影響。

• 剖析ChatGPT技術原理

把ChatGPT拆分來看，分成Chat和GPT兩部分。其中Chat很好理解，是聊天的意思，其源於ChatGPT呈現出來的形態就是一個非常互動友好的「萬能」聊天機器人。GPT是一個英文縮寫，全稱是Generative Pre-trained Transformer。Generative和Pre-trained兩個詞表示該AI模型是一個具有生成能力的預訓練模型，Transformer是該模型的基礎演算法框架。

眾所周知，Transformer已經成為當今面向自然語言處理任務非常經典的預訓練大模型，能夠以非常高的精度來進行文本資料的語義的理解，解決各種資料認知類的應用需求。Transformer最大的優點在於具有「注意力」機制，可以降低演算法對不相關「雜訊」資料的干擾，同時可以提高對長距離資料的資訊捕捉，避免傳統的循環神經網路結構隨著資料輸入長度的增加而導致的系統效能下降問題。

自從第一代Transformer產生之後，各大技術廠商就開始普遍將其作為文本類大模型的基礎技術原型，並研發出了一系列經典的大模型產品。圖3-6展示了基於Transformer的一系列模型的演

化過程。可以看出，這些大模型主要沿著三個產品序列在不斷地成熟、發展，分別是GPT序列、T5序列和BERT序列。

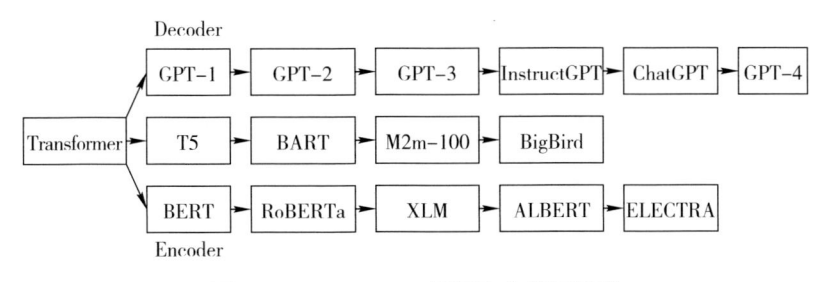

圖3-6　Transformer模型演化發展圖譜

GPT模型序列主要是面向Decoder類型的技術應用，主要是解決人工智慧「解碼」方面的需求，關注如何基於特定的語義資訊，自動生成滿足需求的文本資料，屬於典型的AIGC技術架構。GPT模型序列從2018年提出的GPT-1開始，經過不斷的能力優化和系統升級，發展到了現在強大的ChatGPT版本和GPT-4版本。

T5（Text-To-Text Transfer Transformer）模型序列是面向Encoder-Decoder類型的技術應用，其特點是從一個序列的輸入到另一個序列的輸出，先把原始輸入進行有效的資訊編碼，然後再把資訊解碼成對應的資料輸出結果。T5主要用於文本摘要、機器翻譯、文本分類等資料分析應用中。總的來說，T5及其衍生模型，可以總結為文本到文本遷移的Transformer，任何NLP任務都可以被描述為文本到文本的問題來解決。

BERT（Bidirectional Encoder Representation from Transformers）是由GoogleAI研究院在2018年提出的非常具有影響力的預訓練模

型，是面向Encoder類型的技術應用，其特點是能夠對輸入的文本資料進行資訊編碼，從中提取到有價值的語義資訊。BERT模型的後端可以接入不同的模型結構，透過新的標註資料進行模型參數的微調，從而支援不同類型的業務應用。

接下來，詳細看一下GPT序列的模型發展脈絡，這些技術模型均是OpenAI公司在預訓練大模型上廣泛實踐的傑出技術產品，每一代產品的效能都在前面一代的基礎上獲得了很大的改進：

GPT-1發布於2018年6月，採用了半監督的學習方式訓練而成。該模型首先在大規模的無標籤資料集上生成一個預訓練模型，然後在有標籤的子任務上進行模型的微調。GPT-1首先採用了Transformer的技術底座，克服了傳統RNN的序列資料分析缺陷。

GPT-2的目標是訓練一個廣義化能力更強的詞矢量模型，本質上是零樣本學習的技術路線。該模型沒有對GPT-1的網路結構進行過多的改變創新，只是使用了更多的網路參數和更大的資料集。相比於GPT-1模型的1.17億參數量和5GB的訓練資料集，GPT-2採用了15億參數量和40GB的訓練資料集。

GPT-2假設任何有監督任務都是語言模型的一個子集，當模型足夠複雜且龐大時，僅靠訓練語言模型便可以完成其他有監督學習的任務。舉例來說，GPT-2模型透過學習資料樣本：

「Michael Jordan is the best basketball player in the history.」

可以學會處理問答類任務：

「Who is the best basketball player in the history?」

並自動給出「*Michael Jordan*」的答案。

GPT-3發布於2020年5月，OpenAI在微軟的投資下，將GPT系列的模型擴大到了一個更高的層級水準。GPT-3的模型規模相比於GPT-2，實現了一個巨大的飛躍。其模型參數為1750億，是當時世界上最大的NLP預訓練模型。GPT-3在模型訓練的過程中，消耗了45TB的巨量資料資源，在微軟的Azure AI基礎設施上訓練，總算力消耗約3640 PF-days。

相比於GPT-2，GPT-3具有更豐富的內容生成能力，除了能滿足常規類的文本生成需求外，GPT-3還能寫出Java Script、SQL等程式語言，同時在簡單的數學運算上也有不錯的表現。在GPT-3的訓練過程中，使用到了情景學習（in-context learning）的技術手段，情景學習是「元學習」技術的一種，可以保證模型在少量資料資源的基礎上快速得到準確的參數結果。總而言之，GPT-3不僅在自然語言任務上效能更強，同時還能承擔更廣義化的內容生成任務。

GPT-3的下一個版本是InstructGPT，該版本的GPT模型發布於2022年初，相當於當前ChatGPT的早期版本。InstructGPT是OpenAI在GPT-3的基礎上進行微調生成的，ChatGPT是在GPT-3.5的基礎上微調生成的，二者在原理上本質是等同的，唯一的區別是ChatGPT的參數規模比InstructGPT要大很多。儘管當前ChatGPT還沒有完全公開其技術原理，但是我們可以透過InstructGPT來窺探ChatGPT的底層技術「端倪」，了解ChatGPT是如何生成自然、相關、友好的回答內容。

與GPT-3相比，InstructGPT和ChatGPT很好地解決了內容相關性的問題。由於GPT-3是在大量的互聯網文本上進行訓練的，而不是在特定的任務上進行訓練，因此GPT-3模型對問答的輸出結果不能有效地與使用者的意圖進行對齊。與此同時，GPT-3是在完全無監督的情況下訓練出的超複雜模型，生成內容隨機性很大，很容易產生危險（錯誤的、攻擊性的、惡意冒犯的）內容輸出。

InstructGPT和ChatGPT透過外部的人工標註資料，為機器輸出的結果提供有價值的回饋資訊，對GPT-3模型的參數進行微調（fine-tuning）和優化，一方面過濾掉有危害的資訊內容，另一方面使得機器生成的結果更加符合人類預期。和前一階段GPT模型的進化思路不同，InstructGPT和ChatGPT引入了全新的模型訓練機制，採用了基於人類回饋的強化學習（Reinforcement Learning from Human Feedback，RLHF）資料建模策略（見圖3-7）。

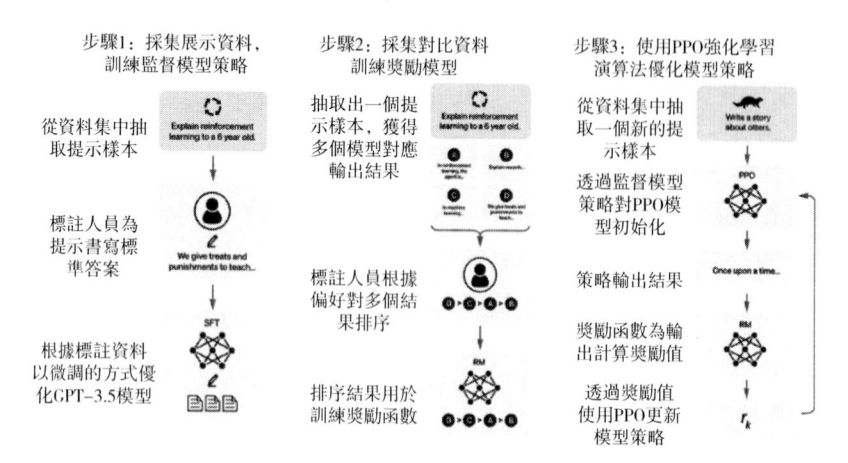

圖3-7　ChatGPT的主要技術原理

ChatGPT的訓練過程主要分為三個階段：

第一階段，是對GPT-3.5模型進行有監督的參數微調（Supervised Fine-tune，SFT）。該環節的作用是讓深度學習演算法模型進行參數學習和優化，能夠基於特定的提示（prompt）生成相應的回饋結果，也就是說在機器與人聊天的過程中，機器可以對人提出的各種問題和任務要求進行自動應答。不妨稱這個階段構建的模型為SFT模型。

為了讓機器具備相應的生成內容的能力，需要構建有人工標註的資料集。該資料集的形成基礎來自一個提示資料庫（prompt dataset），這是一個非常龐大的任務庫。在進行資料標註時，從任務庫中隨機抽取若干問題，然後透過人工的方式逐一回答。比如，可能從提示資料庫中抽取到問題「向一個六歲孩子解釋什麼是強化學習」，那麼人類專家可以給出答案「我們透過獎勵或者懲罰來進行教學」……

第二階段，基本任務是構建一個有效的獎勵函數。獎勵函數是強化學習技術中一個非常關鍵的技術要素，構建獎勵函數的目的是在接下來的階段用強化學習的方法來優化AIGC演算法模型。強化學習是一種對機器的行為策略進行訓練學習的技術，一個典型的強化學習任務包括以下幾個基本要素：

智慧體（agent）

智慧體是強化學習的主體，是進行行為決策的物件，例如ChatGPT的智慧互動演算法模型。

環境（environment）

環境是智慧體所處的業務場景，智慧體在行為中與環境進行互動，從環境中獲取資訊，執行相應的行為活動，並反過來透過自身行為影響環境。在ChatGPT模型任務中，環境是指人機對話的業務場景。

狀態（state）

代表當前智慧體和環境所處的狀態，隨著智慧體不斷與環境進行行為互動，智慧體和環境的狀態也會動態改變。

行動（action）

行動是每一階段決策的結果輸出，在一個強化學習任務中，智慧體通常會有一個行動空間。對ChatGPT來說，所有可能生成的文字內容、代碼內容，都在其行動空間中。

策略（policy）

策略是環境狀態到行動的映射關係，也是強化學習任務的核心目標。對於ChatGPT來說，策略是指基於特定的上下文提問資訊，演算法給出相應回饋的決策思路。

激勵函數（reward function）

激勵（reward）是智慧體真正關心的內容，激勵函數是指環境給予智慧體獎勵或懲罰的機制，也是智慧體透過不斷互動和試錯的過程，嘗試理解的任務需求本質。ChatGPT的任務本質體現在人對於機器回答內容的偏好。

價值函數（value function）

定義了從長遠來看，對於智慧體來說什麼樣的結果是好的。價值函數通常與狀態有關，一個狀態的價值是指從當前狀態開始，智慧體在未來的累積收益的期望值。在多輪對話任務中，價值函數是激勵函數的累積結果，可以評價一個演算法模型的長期表現。

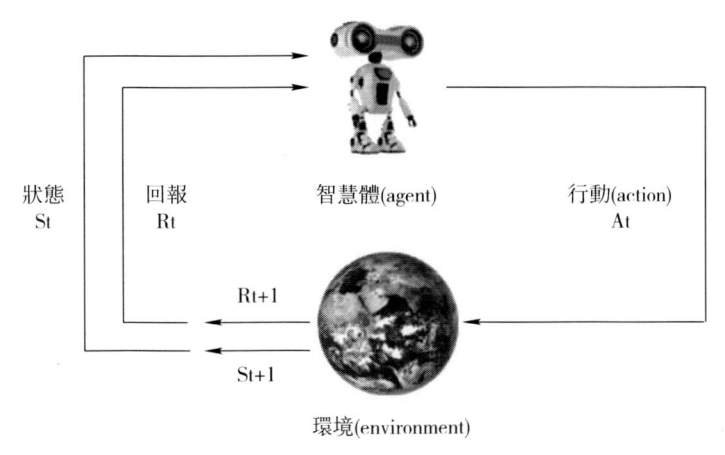

圖3-8　強化學習技術基礎原理

在強化學習任務中，機器與外界的環境不斷進行互動。在每一次行為決策後，外部環境都會根據機器的特定行為給出一個回饋評價。如果這個回饋是正向的激勵，那麼這次行為對應的策略就會被鼓勵而強化，如果回饋是負面的，策略就會被弱化。

獎勵函數在這裡的作用，就是讓外部環境自動地針對每次機器的行為給出有效的評價，從而透過外部價值引導讓機器智慧體的行為策略持續優化，直到符合實際的業務目標需求。理解了獎勵函數的作用，也就明白構建它的重要意義。打個比方，

如果需要有一個老師教會學生某個科目，那麼我們要先培養出這個老師。

在ChatGPT的訓練任務中，就是要透過強化學習技術，訓練機器能夠根據使用者的提問給出「令人滿意」的回答。ChatGPT對提問的每一次應答，相當於機器與環境的一次互動，人對演算法模型輸出結果的評價，相當於外部環境的回饋，會引導模型朝著更加「友好」的方向進行演化。

具體來說，獎勵函數如何構建呢？首先，透過GPT-3.5微調後的SFT模型對提示資料庫中的隨機任務進行應答，由於模型是隨機的，模型針對每個任務可以生成多個結果回饋。接著，人員對這些任務的回饋進行優劣評價，評價不需要進行複雜的打分操作，只需要給出好壞排序即可。

這個排序實際上反映了人們對機器隨機生成的多個答案的一個偏好。當獎勵函數「學會」了人的偏好，自然也就更了解人們到底喜歡什麼樣的回饋，能夠讓機器產生更加符合人的預期、審美，以及安全和道德標準的內容。例如，機器隨機生成了四個答案A、B、C、D，那麼標註人員就要給出諸如「D>C>A>B」這樣的偏好回饋。

第三階段，就是要透過傳統的強化學習演算法對機器的自動應答行為進行建模。該階段的主要建模任務是從第一階段得到的SFT模型開始，繼續進行參數的學習和優化。強化學習演算法使用第二階段輸出的獎勵函數，作為機器與環境互動的回饋依據，

不斷指引機器朝著特定的方向進行策略學習，逐漸接近人們實際的應用偏好。

在ChatGPT的強化學習過程中，採用的是近端策略優化演算法（Proximal Policy Optimization，PPO）對模型的參數進行疊代更新。PPO演算法是一種新型的Policy Gradient演算法，該演算法對「步長」十分敏感，但是又難以選擇合適的「步長」。PPO演算法中目標函數可以在多個訓練步驟中實現小批量的更新，有效地解決了Policy Gradient演算法中「步長」難以確定的問題。

• ChatGPT產業化應用現狀

在了解了ChatGPT的技術原理之後，可以從技術本質的方面，更加深刻地理解它的產業應用現狀以及實際能力邊界。

ChatGPT儘管以一個AI聊天機器人的身分出現，但它並不僅僅是一個靈活互動的「玩具」，而是一個可以為各種不同數位化應用進行智慧賦能的AI引擎內核。2023年2月，OpenAI推出了付費訂閱版ChatGPT Plus，這個版本的軟體每月收費20美元，正式開啟商業化變現的道路。

另外，當前ChatGPT已經正式開放了API介面，這就意味著B端的企業可以直接將ChatGPT的功能整合到自有的AI產品應用中，迅速獲得ChatGPT強大的智慧互動能力，這也進一步加強了ChatGPT技術市場價值的釋放。ChatGPT API底層調用的模型和最初發布的ChatGPT產品是完全一樣的，使用的是GPT-3.5-Turbo

模型，也就是說，如果B端企業集成了ChatGPT的API，就可以享受到完全一樣的技術服務能力。

在B端的收費模式上，ChatGPT是基於輸出內容量進行定價，前端應用程式透過開放API介面獲取的資料量越大，OpenAI的收費就越高。ChatGPT API的具體價格為每1000個token收費0.002美元，如果換算為最終輸出的詞彙量來看，相當於是每100萬個單字，價格為2.7美元。在自然語言處理的任務中，token是一種特殊的統計單位，在某些方面等價於詞彙的概念，但是也包括一些組成最終文本內容輸出的標點以及格式符號等必要元素。

當ChatGPT開放API介面後，很多企業都可以透過「快速集成」的方式快速獲得這種高智慧水準的互動能力。儘管企業自研ChatGPT的成本很高，但是透過付費的方式直接調用模型成果，也是一種快速搭上這班「智慧」列車的有效快捷手段。ChatGPT對於企業的價值主要在於能夠提供靈活、強大的知識型服務，更好地支援企業內部的管理營運以及對外的個性化客戶服務。

當前，已經成功接入ChatGPT聊天介面的企業數量仍處在初步成長的階段，主要應用場景是社交、教育、購物等面向C端消費者的服務行業，ChatGPT所提供的AI自然語言互動能力可以極大地提升這些領域的綜合服務效率，更好地建立和維持客戶關係。

例如，著名的照片分享社群應用Snapchat推出了基於ChatGPT

API的「My AI for Snapchat+」功能，該功能是一個友好的、可進行內容定製生成的聊天機器人，使用該產品的使用者能夠透過聊天的方式自動獲得有趣的建議，並在幾秒內為朋友寫出一個笑話；與此同時，線上學習平臺 Quizlet 也緊隨其後，宣布將整合 ChatGPT 的 API 服務，計劃基於線上 AI 教師 Q-Chat 的自主提問方式輔助學生完成線上學習任務，更及時地發現學習過程中的重點難點；此外，線上食材零售與配送平臺 Instacart 也把 ChatGPT API 靈活接入其 App 應用中，充當線上智慧導購員，當使用者詢問「製作炸玉米餅需要哪些食材」時，ChatGPT API 可以瞬間給出相應答覆，並在回答中順便附帶相應食材的購物連結。

未來，越來越多的企業開始關注如何充分利用 ChatGPT 的整體技術優勢構建前沿的數位化應用，其目標一方面是對現有業務進行提質增效，另一方面是基於自身產業特點進行管理模式和商業模式的創新。

儘管產業活動與 ChatGPT 相結合將會迸發出的業務應用潛力不容小覷，但是「ChatGPT+」的最終應用效果終歸是與 AIGC 模型本身技術特性的發展情況密切相關。產業端的應用需求對 ChatGPT 模型的效能提出了更高要求。就目前的使用情況回饋來看，ChatGPT 在完成自然人五花八門的提問任務時，也暴露出了不少技術問題，這些問題的關注和突破將直接對 ChatGPT 的最終商業化進程起到關鍵性的影響。

首先，ChatGPT 回答的內容並不完全是真實的，使用者在提

問時有可能得到虛假或錯誤的答案。之所以會出現這種情況，其實很容易理解，ChatGPT的訓練文本資料來自開源互聯網以及其他公開語料庫，ChatGPT模型只掌握了如何生成相關內容的技能，但卻無法掌握如何生成真實內容的技能。

從開源互聯網上自動爬取的資料品質不可保證，其資訊的真實性和可靠性大多數都沒有經過專業的認證，同時，模型還參考了小說、劇本等虛構的創作素材。儘管在模型訓練的參數微調階段也會引入人工標註的結果，但這個階段的工作更多是為了解決語義對齊的問題，對模型產生資料的真實性提升效果十分有限。

其次，儘管ChatGPT看似無所不能，可以回答人們任意提出的問題，但是經過廣大網友的熱情測驗發現，ChatGPT經常會一本正經地胡說八道，給出敷衍的答案。在使用者的使用過程中，如果ChatGPT不知道應該如何回應，它不會像傳統對話機器人一樣誠實地表明它不會，而是硬著頭皮「胡謅」出一些內容來。

比如說，有網友對ChatGPT提問：

「『指鹿為馬』的故事是關於什麼的？」

ChatGPT竟然非常自信地給出了下面這樣啼笑皆非的回答：

「『指鹿為馬』是一種成語，源自《莊子》中的故事。故事講述的是一位明智的君王，他利用了自己的智慧和語言技巧，使自己的軍隊從一個危險的地方逃脫。在故事中，君王透過把鹿當作馬來欺騙敵人，使他們感到不安和困惑，從而在戰鬥中獲得優勢。此外，故事還被解釋為對人類愚蠢和易受騙的批評。」

導致「應答失效」問題的原因很大程度上在於訓練模型的文本資料庫在內容上覆蓋度不全，導致ChatGPT的「知識引擎」不能覆蓋長尾的小眾問題領域。另外值得注意的是，當對ChatGPT提問的語言是中文時，它胡說的機率會更大。ChatGPT在模型的訓練階段，主要採用的是英文語料，對中文的語言支持度在未來仍有待提升。

除了前面提到的兩個方面，ChatGPT產生的內容極為不可控，對其外在表現很難進行「精準」的引導。ChatGPT本質上是基於深度學習框架的AIGC技術，模型結構複雜、參數規模龐大，模型本身相當於一個「黑盒」。很難確定模型輸入內容和輸出內容之間的關係具有可解釋性的規律，從而表現出一種「偽隨機」的複雜系統結構。在這種情況下，ChatGPT模型對使用者提問給出的結果就會存在較大隱患。

例如，ChatGPT經常會產生危險言論或者冒犯性的語言，在某些使用者的「惡意」誘導下，ChatGPT也不會考慮後果和影響，為使用者提供不良的協助。ChatGPT難以將人類社會的規則和約束添加到其自身的工作機制中，人們很難保證在各式各樣的對話任務中，ChatGPT做出的應答不會越界。

在ChatGPT的構建過程中，相比於前一版本的GPT-3.5，額外又透過強化學習的方式引入人類對機器應答的偏好，這在很大程度上降低了在對話中出現「可怕」言論的機率。然而僅透過基於大數據統計的技術路線來調整模型輸出結果，始終無法

確保已知的意外情況不會發生。

　　模型的複雜結構不僅會導致難以對任務的「負面清單」進行窮舉和維護，同時也無法融合垂直領域專家有價值的產業經驗和知識。嚴謹的知識推理任務對於深度學習大模型來說並非專長，AIGC模型的認知能力的提升更多是依靠模型體量規模的驟增，逐漸以一種複雜的方式「湧現」而成的。更加精確的推理能力往往是符號主義人工智慧學派的技術優勢，專家知識如何編碼並與深度學習演算法模型進行有效整合，將是資料科學家在未來急需面對的關鍵課題。

　　在很多回答中，ChatGPT提供的回答經常給人一種形式大於內容的感覺。人們之所以頻頻驚嘆ChatGPT的智慧，是因為它的回答給人一種很自然的感覺，然而如果細細推敲就會發現，ChatGPT經常會在很多細節方面出現錯誤。對於嚴謹的推理類任務，以及邏輯複雜的分析類任務，ChatGPT都很難完成。比如很多使用者都測驗了ChatGPT在計算應用題方面的能力，對於簡單的題目，ChatGPT似乎還能對答如流，但是如果題目的推理邏輯稍加複雜，或者問題中設定一些隱藏的思維陷阱，那麼ChatGPT就會非常容易栽跟頭。

　　另外，ChatGPT對預測類任務的支持度相對不高。ChatGPT的資料建模所參考的資料自然是歷史資料，未來的資料對模型來說是不可見的。如果對ChatGPT的提問在時間維度上超綱了，這種任務的完成將非常困難。

ChatGPT其實更擅長在給定的歷史資訊中尋找答案，回答事實類的問題。對於從未出現過的情況，ChatGPT只能依靠歷史情況，以此為參考進行模擬推演。然而現實情況是，未來並不總是遵循著歷史的規律線性發展，很多歷史事件也未必會簡單重複，「黑天鵝」事件的預測對ChatGPT來說幾乎是不可能的。可以說，ChatGPT更擅長基於它已知的知識碎片進行「亂猜」，而不是有道理地真正預測。

在技術功能的定位上，ChatGPT是一個通用的AI演算法服務，可以處理任何場景的知識類、互動類的問題。在自然語言大模型的訓練階段，無差別地對海量的文本資料進行學習，因此最終輸出的模型產出具有非常強的功能廣義化性。但是同時這也帶來了另外一個問題，就是儘管它做到了「廣」，但是可能不一定「精」。

很多企業看中了ChatGPT強大的理解能力和類人的服務能力，希望能在自身的垂直領域業務中整合ChatGPT的智慧互動功能，開發出滿足自身實際業務場景和業務需求的客製化AI產品。與早期版本的GPT-1和GPT-2不同，ChatGPT的代碼目前還不開源，僅開放了API介面，包括基本模型、微調模型、嵌入模型等，企業運用ChatGPT的模型能力只能透過付費租賃的方式進行落地。

企業需要利用已經預訓練好的AI大模型，基於自身獨有的業務資料進行二次開發，以此來獲得適配性更強、知識結構更加相

關和完善的行業技術應用。未來，產業端對「類ChatGPT」方面的技術需求會變得越來越旺盛，如何保證企業級應用做到國產自主可控、支援私有化部署、符合資料安全標準，以及獲得靈活度更高的AI技術底座，是值得深入反思和研究的產業問題。

第四章

AI商機：
AIGC產業應用與前景

第四章
AI商機：AIGC產業應用與前景

1960年代，第一臺聊天機器人的誕生，清楚地體現出人類渴望同機器進行類似於人與人之間溝通的意願。ChatGPT的出現使人工智慧從會做選擇題進化為能夠處理「無中生有」任務的解答題。如同蒸汽時代的蒸汽機、電氣時代的發電機、資訊時代的電腦和互聯網，人工智慧正成為推動人類進入AI時代的決定性力量。資料、模型和演算法等關鍵維度的技術突破，成就了AIGC產業的輝煌。全球各界充分地認識到人工智慧引領「新一輪」技術變革的重大意義，紛紛轉型發展，推進「AIGC+」的產業應用，搶灘布局AI應用創新生態。

聊天機器人：AI無所不能的應用

如果說1990年代人們對人工智慧聊天機器人的理解還停留在娛樂用途上，那麼如今智慧型手機上搭載的Siri、智慧音響「天貓精靈」、小米AI音響「小愛同學」等語音助手則更貼近於人們的日常生活，為人們提供更多有趣而實用的智慧服務。人工智慧技術的突破使得聊天機器人更加重視與使用者的強大互動，作為個人助理的角色，輔助業務流程，逐漸地應用於客服、搜尋引擎等商業場景。

• 聊天機器人，漫長而複雜的歷史

  聊天機器人是一種模擬與人類使用者對話的電腦程式。從1960年代Eliza的誕生、21世紀初Siri的出現，到2022年11月底OpenAI發布了ChatGPT，聊天機器人歷經了不斷更新與疊代的曲折歷程，最終成為人們與資料和演算法互動的新範式。

  歷史上最為著名的人工智慧軟體——伊麗莎（Eliza），是由麻省理工學院的電腦科學家約瑟夫·維森鮑姆（Joseph Weizenbaum）在1960年代編寫的與人對話的電腦程式，也是世界上第一臺真正意義上的聊天機器人（見圖4-1）。伊麗莎使用模式匹配和替換方法來模擬對話，最初的目的是幫助心理諮商醫生解決患者的精神問題。

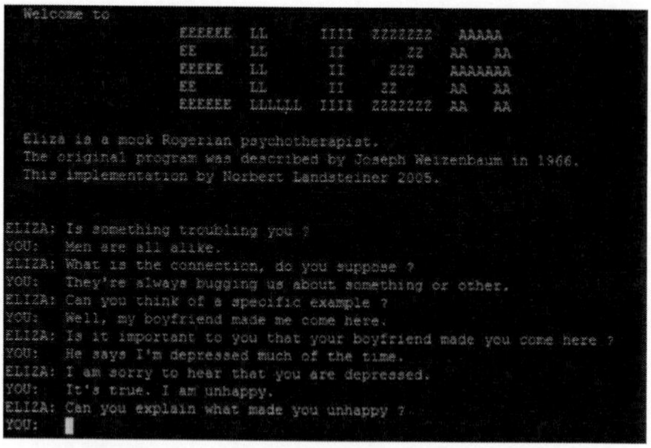

圖4-1　世界上第一臺聊天機器人Eliza

  伊麗莎得到的是最簡單形式的自然語言人工智慧——模式匹配支持，只有文本介面，主要策略是提出問題，並重新表述使用

者說的話。程式設計師們試圖使用這種技術來預測人們可能對一臺聊天機器人說出的各種單字和短語，然後再將這些話語與預先寫好的應答語言回饋進行關聯匹配。

在伊麗莎的「父親」維森鮑姆教授自己看來，伊麗莎並沒有真正的理解力，只是人類對話的「複讀機」，對問題的回答和反應給人造成了它具有感知能力的錯覺。但在之後的幾十年裡，人工智慧專家仍將伊麗莎視為靈感之源，眾多開發者在伊麗莎的模型基礎上進行聊天機器人的構建，試圖實現更接近人類的互動。

1972年，美國精神病學家Kenneth Colby開發了聊天機器人PARRY，該程式模擬了一個思覺失調患者，目的是幫助了解精神類疾病，是一種類似於個人思維的電腦；1988年，Rollo Carpenter開發了聊天機器人Jabberwacky，該聊天機器人使用了「上下文模式匹配」的人工智慧技術，可以透過有趣的方式模擬自然的人類對話；1992年，一個在MS-Dos上創建的聊天機器人Dr. Sbaitso誕生了，該聊天機器人被認為是最早嘗試融入AI技術的聊天機器人之一，是相應的技術產品從文本介面轉向語音操控聊天程式的關鍵進展。

1995年，美國人Richard Wallace開發了通用語言處理聊天機器人ALICE，全稱是Artificial Linguistic Internet Computer Entity，因其首先在一臺名為Alice的電腦上運行而被稱為Alicebot。ALICE使用人工智慧標記語言XML指定對話的規則，模擬透過Internet與真人對話聊天的過程。

2001年，SmartChild的出現被認為是Siri的前身，它能夠進行有趣的對話並快速訪問其他服務的資料。到了2010年，Apple為IOS開發了語音助手Siri——最早的個人智慧語音助理產品，該產品可以便捷地回覆使用者傳輸的文本、音訊、影像和影片。Siri發布後，很快便俘獲了眾多「果粉」們的芳心，給廣大使用者帶來更豐富的應用互動體驗，成為使用者「貼身」的智慧個人助理和學習導航器。

　　緊接著，2014年Google Now成功推出，甫一問世就成為Siri最強而有力的競爭對手。Google Now的先天優勢在於與Google搜尋功能結合，透過AI演算法讀取使用者搜尋的關鍵字和資訊需求後，不僅可以為使用者提供相關的語音服務，還會根據使用者的需求「主動」發出消息提醒，其產品效能更加人性化。Cortana（微軟小娜）是微軟於2014年發布的全球第一款個人智慧助理，該產品的定位是虛擬生產助手。小娜程式記錄了使用者的行為和使用習慣，讀取和「學習」手機中的文本檔案、電子郵件、圖片、影片等資料，準確地理解使用者的交流語義與語境，使用者與小娜的智慧互動過程不再是簡單的基於儲存式的問答，而是真正意義上的對話（見圖4-2）。

圖4-2　全球第一款人工智慧助理Cortana

2014年，亞馬遜開發了智慧個人助手Alexa，與Siri和Cortana不同，Alexa主要用於亞馬遜Echo智慧音響，最初內置於Amazon Echo、Echo Dot、Echo Show等智慧硬體設備，用作家庭生活場景的自動化系統。透過語音交流的方式，人們就可以操控Alexa播放音樂、設定鬧鐘、創建待辦事項或購物清單、播放有聲讀物、獲取新聞或天氣預報、控制智慧家居產品等。

2015年，阿里巴巴發布了人工智慧購物助理虛擬機器人，取名為「阿里小蜜」，是中國極具代表性的商用線上客服聊天機器人系統，「小蜜」透過「智慧+人工」的方式為使用者提供了良好的購物體驗。在應用時，該智慧助理如果發現使用者的問題無法回答時，還能及時將使用者需求轉向人工客服進行特殊處理。

2022年，OpenAI團隊推出的聊天機器人ChatGPT橫空出世，它擁有非凡的自然語言文本生成能力，能夠勝任各種綜合、複雜的自然語言分析與探勘任務，同時能更加準確地理解人類語言的模糊性表達。ChatGPT不僅能根據使用者需求生成精準達意的文本內容，如論文、新聞稿、詩詞、代碼等，還能回答幾乎一切「刁鑽」問題。自然流暢的文本互動能力以及其在各個領域的廣大應用潛力，讓ChatGPT風靡全球、備受讚譽。

隨著時間的推移以及AI技術的越發成熟，聊天機器人逐漸變得更「聰明」，更「善解人意」，更有「人情味」，也從而收穫了更多粉絲的關注。但從整體上來看，聊天機器人的技術水準尚存在一些侷限，距離實際的深度應用還有一段發展道路需要探

索。未來，更多數位化場景希望藉助ChatGPT等優秀的聊天機器人，把人機對話玩具向實際的生產力工具方向轉變，不斷改善人類體驗AI技術的方式，創造更多智慧產業創新機遇。

- 聊天機器人是科學還是「占卜」

聊天機器人按其設計目的劃分，一般分為問答型聊天機器人、任務型聊天機器人、對話型（也稱閒聊型）聊天機器人三種類型：問答型聊天機器人主要是用來滿足回覆事實性問題（what、who、where……）或部分攻略性（how），以及緣由性（why）問題。比如FAQ問答型聊天機器人，可以達到輔助使用者進行決策的目的。

任務型聊天機器人多用於在指定範圍內，透過聊天互動的方式幫助使用者實現其具體的任務需求。與FAQ對話或者閒聊型聊天機器人相比，任務型對話的輸出形式可以是對話，也可以是表格、圖片或地圖等更加多樣性的資訊呈現形式。任務型聊天機器人的常見應用包括基於語音助手協助完成訂外送、叫計程車等功能服務。

對話型聊天機器人透過與對話發起人閒聊的方式，根據不同的場景與人類進行情感交流或針對特定的話題展開自由討論。比如，最早的聊天機器人伊麗莎（Eliza），其程式設定是模擬心理治療師對問詢者的陳述或問題進行回答，透過對提問內容進行重複，或針對關鍵字詞進行針對性的回饋，滿足人們內心預期聽到

的答案,實現傾聽與交流的目的。

目前,聊天機器人已經被廣泛用在教育、電商、傳媒、服務、金融等領域中,作為人類親密無間的助手和傾訴發泄的「樹洞」。與此同時,人們在「調戲」聊天機器人的過程中,也對人工智慧技術更加充滿好奇和疑惑——「他們」到底是如何實現與人類對話的?

早期的聊天機器人主要採取檢索、規則、自然語言解析三種技術路線。其中,基於檢索的方法是透過相似度演算法在資料庫中搜尋現成的問答對查詢結果進行回饋;基於規則的方法則是由專業人員編寫相應的回覆規則,再透過規則匹配的方法進行內容應答;而基於語言解析的方法是對每一句話進行深度自然語言處理之後,提取關鍵的文法語義資訊,並生成相應的動態內容回覆。然而,受限於資料庫大小、規則的不完善,以及語言在不同語境和行為下產生的歧義,聊天機器人難以應對使用者「千奇百怪」的問題考驗,時常會表現得非常「智障」。

相比於早期聊天機器人,ChatGPT透過大算力的「調教」和長時間的「訓練」,可以很好地模仿人類的思維邏輯和認知功能,讓其能夠準確地歸納、總結、舉例,而不是機械地「照搬照抄」,進而與人類進行各種場景的自由溝通交流。

雖然技術上突飛猛進,但是目前最先進的聊天機器人的「認知」能力仍然建立在大量的訓練文本資料集上,演算法模型本身並不具備對複雜和抽象系統的理解機制,同時,也無法預測未發

生過的事，對部分事物和領域的判斷缺少深度和精準度，無法完全代替人類進行思考活動，有時的表現更像是「一本正經地胡說八道」。

• ChatGPT 是「炒作」還是未來現實

　　許多人將以 ChatGPT 為代表的生成式人工智慧視為是繼個人電腦、互聯網以及手機構建的應用程式套件之後，下一個改變世界、創造非凡商業成就的偉大技術發明。

　　ChatGPT 是 OpenAI 最新一代產品，是 AI 領域現有工程技術的一個組合創新，雖然前幾代 GPT 的「聲量」都不大，但這次能獲得上億人使用的確是因為它真的更加聰明、好玩，並且對現實生活產生了實實在在的影響和價值。隨著 ChatGPT 的版本不斷更新，全球上億使用者與其高頻度互動，ChatGPT 能夠圍繞大量話題進行對話，擁有更接近人類的邏輯思維，並且能模仿人類的情緒。人們回饋道，ChatGPT 輸出的儘管不是最佳答案，但卻是最接近人類需求、合乎人類期望的結果。

　　憑藉 ChatGPT 吸睛的表現，OpenAI 於 2023 年 2 月 2 日推出了 ChatGPT 的升級付費訂閱版本 ChatGPT Plus，每月收費 20 美元，該版本提供比免費版更快速回應的服務以及更多新功能的優先試用權。緊接著，微軟在 2023 年 2 月 8 日召開了一場媒體發布會，宣布把 ChatGPT 技術介面嵌入搜尋引擎「Bing」中，搭建了 AIGC 輔助的 Edge 導覽器，率先成功地搭上了 ChatGPT 的快車。

「新Bing」最值得關注的技術突破是OpenAI專門為其搜尋服務定製的下一代大型語言模型——普羅米修斯模型，做到進一步注釋答案，更新搜尋結果，而非單純地展示頁面或資料連結。比如，如果使用者想要搜尋5天的旅遊行程時，「新Bing」會為其搜尋最佳景點，並將相應的結果匯總在一個基礎的行程列表中。此外，使用者還可以基於自動生成的行程方案繼續追問更多問題，例如「這次旅行預計花費多少錢」等。這種直接給答案而非給連結的方式對於上一代搜尋結果而言實屬是降維式攻擊。

　　接入ChatGPT技術的「新Bing」就像一個專業而高效的私人助手，能夠做到與時俱進，接收新消息的速度遠超於人類，給出的答案永遠是最新最快的。

　　基於背後強大的算力基礎和演算法分析能力，ChatGPT自帶擬人化的功能，可以準確地理解人類思維的優勢凸顯，加之網路大廠們的紛紛布局參與，ChatGPT應用商業化的序幕隨之正式拉起。這給我們帶來了更多技術思考：

　　未來ChatGPT如何與產業端的具體業務場景更緊密地結合，以培養出更大的應用市場？ChatGPT如何滿足使用者隨時變化的需求，產生更多創新應用，為企業和個人帶來更多效益？

　　雖然ChatGPT的商業化探索仍處在早期階段，但ChatGPT應用場景廣泛，可以快速回應企業的內容生成、資料研究，以及內容策劃等方面的需求，擁有空前的藍海市場。基於其技術邏輯和特點、對巨量資料多元化處理方式、對小眾主題的功能兼容，

ChatGPT的應用範圍可覆蓋回答問題、內容創作和生成電腦代碼等多重任務領域，在未來中短期內擁有更豐富的應用場景，主要包括：

在AI創作方面。ChatGPT具備強大的文本內容創作能力，可以進行創意寫作，比如自動創作詩歌、新聞、小說，也可以進行命題文字材料的生成，比如撰寫新聞稿件等。ChatGPT還可以把其輸出的結果作為一個中間變數輸入其他模型，疊加兩個模型的資料分析結果，在更多商業應用上實施進一步的技術拓展。

過往AI輔助繪畫、影視領域的成功案例眾多，可推斷未來ChatGPT在藝術影視領域的商業化落地方面大有可為。ChatGPT可以根據大眾的興趣量身定製影視內容，為劇本創作提供新思路，激發創作者的靈感，縮短創作週期，從而保證作品獲得更好的收視率、票房和市場口碑。另外，ChatGPT和Stable Diffusion的結合使用，能夠生成極具藝術性的繪畫作品，如最著名的AI繪畫作品《太空歌劇院》。當前，基於ChatGPT的AIGC技術可以協助編寫劇本、合成語音、剪輯影片以及生成虛擬場景等。

在新聞傳媒方面，隨著ChatGPT的加入，可以實現採編工作的自動化，更加智慧地生成內容，實現智慧新聞寫作，提升新聞時效性。ChatGPT還可以根據使用者指令完成翻譯、素材整理、選題策劃、寫作稿件等任務，增加文本內容的豐富度，吸引企業網站和社群媒體管道的流量。

2014年3月，美國洛杉磯時報網站的機器人記者Quakebot，

在洛杉磯地震後僅3分鐘就迅速「寫出」了相關報導並予以發布。美聯社使用Wordsmith平臺自動生產出財務相關報導，該系統每秒能生產出2000篇文章，每週可以創作上百萬篇文章。美國新媒體大廠公司Buzzfeed宣布計劃採用ChatGPT提升內容創作能力，滿足更加個性化的內容創作需求，其股價隨即暴漲了近120%。

在數位營銷方面。ChatGPT在互動上的流暢性，滿足了現階段人們對人工智慧的所有想像。雖然ChatGPT無法完全複製人類的創意和情商，但ChatGPT採用了上下文關聯語義的方式，主動揣摩對話場景，在人機互動過程中讓使用者深刻地感受到了機器強大的共情能力。企業可以藉助這種共情能力，打造出虛擬客服功能，在社群媒體上隨時與客戶進行互動，賦能產品和內容的營銷業務環節。

在營銷方面。電子商務的出現改變了消費者購買商品的途徑，由線下實體店向上延伸至網路商店，消費途徑和消費習慣的改變顛覆了原有的營銷方式和理念。現階段，在傳統的營銷模式裡投放流量和做直播，對商品銷售結果的影響還遠達不到預期標準，其主要原因是消費者對商品的內在需求發生了改變。

ChatGPT可以在「理解式」的聊天過程中，透過互動與使用者產生共鳴，快速了解使用者的需求和痛點，推薦使用者真正發自內心願意購買的產品，拉近企業與消費族群的距離，緊跟科技發展潮流。在人工客服有限並且業務素養參差不齊的情況下，還可提供24小時不間斷的產品推薦以及線上服務，降低企業的營銷

成本，促進企業營銷業績的快速成長。

相比目前的人工服務模式，ChatGPT有著明顯的成本優勢。聘請團隊完成一個專案所需的費用遠高於接入ChatGPT的成本，並且隨著ChatGPT模型的成熟度越來越高，其可以生成效果比人工更好的內容。

在商務場景中，ChatGPT藉助其多任務處理能力優勢，可以擔任智慧營銷助理的角色，同時參與到培訓員工的工作中，有效降低公司的用人成本。例如，亞馬遜公司運用ChatGPT製作員工培訓文件，在辦公場景中發揮辦公助手、語音轉換文字、代碼生成等功能作用。微軟公司也計劃將ChatGPT接入Office軟體，聯合推出可自動生成會議筆記的付費紀要工具Microsoft Teams。

總體來說，ChatGPT對於希望提高線上形象和客戶參與度的企業來說是一個有價值的AI輔助工具，可運用在諸多實際業務場景中，讓企業根據特定的輸入和使用者興趣快速而準確地生成相應的資訊結果，幫助企業創建適合其目標受眾的多樣化內容，提高創作效率和傳播效果，在更短的時間內製作出高品質的內容，增加其網站或社群媒體管道的流量。

「火爆出圈」的ChatGPT之發展並非一蹴而就，是人工智慧產業發展到一定階段的產物。相比於前幾代的聊天機器人，ChatGPT具有良好的理解對話語境的能力，提升了代碼理解和生成能力，可以輸出更符合邏輯與人類價值觀的高品質文本，兼具實用性與功能性，被視為有史以來最具代表性的AI應用之一。

第四章
AI商機：AIGC產業應用與前景

微軟、Google等科技大廠紛紛下場，搶先布局，讓ChatGPT有望打開千行百業的海量應用場景，引發AI產業變革。近期，ChatGPT已經開啟商業變現，推出付費訂閱版本，也進一步驗證了AIGC巨大的商業價值和科學研究價值。ChatGPT意味著一個AI大規模商業化時代的到來，這不僅是聊天機器人產品的一小步，更是AIGC技術發展的一大步。

AIGC產業生態：風起雲湧

隨著數位經濟的快速發展，現有的內容生成方式受限於人類的創造力和知識儲備量，已經很難滿足人們對多樣化、個性化數位內容的需求。聊天機器人ChatGPT的爆發式突破得益於資料、模型和演算法等關鍵技術的創新，象徵著文本類AIGC技術進入了新的發展階段。隨著機器寫作、機器作圖、機器底層建模、機器生成影片和卡通等技術的逐漸成熟，人工智慧產業有望邁入「新紀元」。與傳統意義上的AI技術相比，AIGC變得更聰明了！

AIGC不是在一夜間變得無所不能，AI演算法、算力、資料、模型都與資料科學底層技術的持續穩健發展息息相關。人工智慧的本質是資料的海量運算，資料資源是重中之重；算力是對資料進行加速處理的基礎動力源泉；演算法則是AI的核心，其關鍵性地位自然也是不言而喻。

基於此，我們將AIGC的基礎產業分為三個部分：第一個部分的基礎產業是資料，主要包括資料源、資料產能、資料管理、資料分析與標註等技術要素；第二個部分的基礎產業是算力和儲存，主要包括雲端基礎設施和AI晶圓等技術要素；第三個方面的基礎產業是演算法，包括預訓練大模型，以及在預訓練大模型基礎上快速疊代生成的場景化、客製化，以及個性化的業務應用模型等技術要素（見圖4-3）。

資料	算力和儲存	演算法
資料源 資料產能 資料管理 資料分析與標註	雲端基礎設施 AI晶片	預訓練大模型 業務應用模型

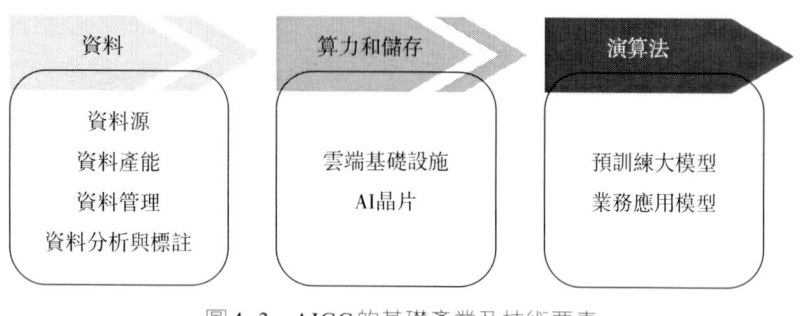

圖4-3 AIGC的基礎產業及技術要素

● 資料：AIGC的資源底座

資料資源是人工智慧技術產業創新發展的重要驅動力之一。資料集是指經過收集、篩選、標註生成的，供演算法模型進行參數訓練的資訊要素。大數據技術方法的核心始終是面向巨量資料的儲存、計算、處理等基礎活動，人工智慧的分析、創作，以及綜合決策能力也都依賴於巨量資料的支援，優質的資料源將成為AIGC行業發展的關鍵基礎設施，資料的數量與品質共同決定了

不同模型間的核心能力差異。

　　透過收集海量標註資料，對人工智慧演算法模型進行不斷的訓練和調優，演算法即能夠做到處理更複雜的互動場景。從機器學習的角度，這個過程可以用「老師傳道授業」的活動來理解，即標註與管理知識點上的資料，從而對模型的演化過程進行監督，最終形成各種不同類型的演算法模型。

　　資料標註主要是透過人工「打標籤」的方式，形成可用於學習的樣本資料，將其不斷「投餵」給資料模型，最終使機器可以自主辨識資料內容並給出相應準確的分析和回饋。對知識點的資料標註是人工智慧演算法得以有效運行的關鍵環節。簡單來說，資料標註是對未經處理過的文本、語音、圖片、影片等資料進行加工處理、人工判斷，轉變為機器可辨識、可學習的過程。

　　基礎資料服務商通常會使用資料採集與標註的專業工具處理文本、語音、圖片等資料資源，治理多源異構資料，使其形成有價值的資料資產。在ChatGPT模型訓練和構建的三個基本階段中，第一和第二階段需要大量的人工標註投入。現有資料的標註還是多以人工標註方式為主，但自動標註和半自動標註，也會隨著機器學習技術的不斷發展和完善，成為未來主要的資料標註形式。

　　當前，資料相關的技術企業主要包括兩類：

　　一類是資料訓練提供商。其主要業務是為AI產業鏈上的機構提供演算法模型開發訓練所需要的專業資料集。例如，海天瑞聲是中國領先的AI訓練資料專業提供商，擁有1050+的資料成品

庫，內容涵蓋多種創新應用場景，訓練的資料覆蓋智慧語音（語音辨識、語音合成）、電腦視覺，以及自然語言等領域。

另一類是大數據和人工智慧服務提供商。這些企業的業務主要面向資料獲取、資料治理、資料檢索、資料分析、資料探勘等技術處理環節，提供大數據方向的基礎產品和服務。例如，拓爾思公司主要從事中文全文檢索技術和自然語言處理研發，以及資料採集、治理，和綜合分析等大數據核心業務。

在數位經濟時代，資料已成為和土地、人力、資本一樣舉足輕重的關鍵生產資料，逐漸成為各大企業日常生產經營活動的必需品。高品質的資料集對於資料模型訓練及資料內容生成活動具有多方面至關重要的影響，企業在資料品質、資料清洗、資料標註和資料訓練等環節的能力是資料類企業的未來競爭力所在。

- 算力：大模型訓練的動力「引擎」

AIGC技術持續、可靠的商業化落地離不開寶貴資料資源與優質算力基礎的支援。海量訓練資料資源搭配高效能算力，為AI模型提供強大的技術研發能力底座。算力，是人工智慧技術企業完成對巨量資料進行建模處理和快速疊代優化的重要奠基石和動力引擎。AIGC演算法模型依靠大規模資料集進行訓練時，對資料傳輸和資料計算效率提出了更高的要求。在這方面，雲端運算提供了社會級的超大算力計算平臺和巨量資料儲存平臺。以ChatGPT為例，其底層核心的GPT大模型需要透過微軟Azure高效

能計算中心提供的綜合算力進行快速訓練；Stability AI使用了亞馬遜AWS雲端科技SageMaker託管的基礎設施和優化庫，使得其產出的資料模型更具備服務韌性和高技術標準。

　　以大模型、大數據為資訊基礎，AI晶圓、高效能網路等基礎設施作為算力服務底座，AIGC在全新場景的業務落地成效得到了進一步的提升。據統計，GPT-3.5在微軟Azure AI超算基礎設施上消耗的總算力，需要7至8個30億投資規模的資料中心支持運行。然而，隨著訓練AI模型所需的算力呈指數級成長，ChatGPT官網也曾多次出現因為滿負荷而無法登入的問題。由此可見，算力水準是AIGC有效商業化應用的關鍵技術因素。

圖4-4　「NVIDIA」推出的大模型訓練AI晶圓

　　隨著AIGC的逐步落地，未來AIGC應用普及的背後，將產生巨大的算力產品和服務市場：從底層硬體條件來看，與傳統搜尋應用的算力需求相比，AIGC應用中涉及大量計算任務的演算法模

組需要更高算力水準的AI晶圓提供支持；從技術原理角度看，隨著AIGC資料模型的不斷進化疊代，模型結構的層數和複雜度不斷增加，這些技術發展特徵也都導致AI技術對算力方面的需求更加旺盛。

面對算力需求的指數級成長，短期內使用Chiplet異構技術可以加速複雜資料應用演算法的高效落地，成為「莫耳定律」的拯救者。長期來看，「存算一體」的高效能AI晶圓或將成為未來算力的「祕密武器」。高效能AI晶圓相比於GPU和CPU擁有成倍的效能提升和極低的耗電水準，作為基礎設施可以支持深度神經網路的學習和加速計算，為AIGC的應用及產業發展提供可持續發展的技術能力保障。

• 演算法：AIGC成功背後的「殺手鐧」

AIGC的演算法和模型賦予了機器近乎人類的創造力，也是機器學習和深度學習技術產業落地的關鍵所在。開發者可以基於預訓練大模型，根據不同行業、不同功能生成場景化、客製化、實用化的具體業務應用模型，推動不同垂直行業領域實現AIGC技術的快速部署與系統集成。AI演算法公司在自然語言處理、機器視覺、資料標註方面都具有產業先發優勢和技術領先性，其演算法優勢體現在虛擬人與自然人的對話互動、AI作圖，以及AI底層建模設計等技術能力維度上。此外，演算法公司還可扮演MaaS（Model-as-a-Service）服務提供方，將模型開源給

更多外部企業進行滿足業務需求的二次開發，比如Novel AI在Stability AI的開源模型Stable Diffusion的基礎上，構建了「二次元」風格AI繪畫工具。

Meta（原Facebook）自2022年全面進軍AIGC領域。2022年7月，Meta公佈了自研的文本生成影像AI模型Make-A-Scene；2022年9月，Meta緊接著推出了文本生成影片系統Make-A-Video，可以根據文本內容生成短影片，也可從影像和原影片中再生成影片（見表4-1）。

表4-1　各大技術廠商的AIGC競爭代表作

	Open AI	Stability AI	Midjourney	Meta
模型	GPT系列模型 ChatGPT CLIP DALL-E2 Codex ……	Stable Diffusion	Midjourney	Make-A-Scene Make-A-Video

微軟作為人工智慧產業的AI演算法領導者之一，已在多個技術細分賽道取得了不菲成就。微軟創建了智慧助手Cortana，為使用者提供個人AI服務體驗；其搜尋引擎「Bing」廣泛使用了AI搜尋演算法；Microsoft 365使用智慧雲服務為業務團隊提供了靈活的辦公體驗；微軟旗下Github發布了AI自動編程工具Copilot等。

同時，微軟也正在嘗試將AIGC方面的前沿成果與自身產品相融合，如將DALL-E2和ChatGPT接入「Bing」搜尋引擎，將GPT接入MS-Office全家桶等。

近年，Google幾乎將AI技術運用在其所有的產品中，包括使用自然語言智慧互動的聊天機器人Bard、使用統計機器翻譯（SMT）的線上應用程式Google Translate，以及使用影像辨識技術的Google Photos。此外，Google還收購了DeepMind，發布了基於AI驅動的聲音程式Google Duplex和基於影像辨識的線上搜尋程式Google Lens。

亞馬遜在其產品Alexa、Amazon Echo、Amazon Go Store中都融合了AI技術。Alexa是基於機器學習的語音辨識功能，結合自然語言處理引擎與使用者進行動態互動的智慧語音助手；Amazon Echo是基於智慧語音助手Alexa開發的智慧揚聲器；Amazon Go Store是應用電腦的視覺感測器和深度學習技術支持的連鎖超市應用。

智慧編程機器人提供商aiXcoder開放了代碼生成模型的API介面，其主要目的是共享IT服務、技術能力和資料資源。2022年6月，aiXcoder宣布推出中國首個基於深度學習技術，支持方法級代碼生成的智慧編程模型——aiXcoder XL，該模型能同時理解人類語言和電腦編程語言，可根據自然語言描述一鍵生成完整的程式代碼，具體包括代碼編寫、代碼搜尋和代碼修復等技術任務。

百度作為擁有強大互聯網基因的領先AI公司，已在多個產業

領域場景打出了AIGC產品「組合拳」。2023年3月16日，百度透過「文心」大模型，融合深度學習技術框架，打造的知識增強大語言模型「文心一言」正式發布，該模型能夠與人對話互動、回答問題、協助創作，幫助使用者高效獲取資訊和知識（見圖4-5）。此外，百度打造了「創作者AI助理團」，為創作者提供「AI文案助理」、「AI插畫助理」、「AI影片製作助理」等專業創作服務；同時，百度旗下的AI作畫平臺「文心一格」與「視覺中國」深度合作，賦能內容創作和著作權保護。

圖4-5　百度新一代知識增強大語言模型「文心一言」

總體而言，海量優質的業務場景資料是AI模型精確性的關鍵基礎保障；電腦、晶圓等技術載體為AIGC提供基本的數值計算能力；機器學習、深度學習是探勘機器智慧有效資料的科學方法。無論是科技大廠還是初創企業，始終要在的最前沿科技領域保持前瞻的學術視野和敏銳的技術判斷，準確把握住市場

變化機遇，方能使其技術產品在差異化需求與複雜競爭中快速取勝。

探索AIGC的數位化應用

演算法和模型的疊代都是為更好地服務於應用場景落地，最終體現其商業價值。伴隨著AIGC演算法的優化與改進，以及AIGC帶來的商業模式變革，AIGC的產業落地速度和效果都遠超預期。人工智慧已經不再像過去那樣，與硬體和系統一起打包進行業務交付，而是以越來越顯性的方式產生商業價值。同時，對於普通人而言，AI也不再是一門遙不可及的高尖端技術。

基於巨量資料資源和不斷完善的AI演算法，結合在娛樂、傳媒、新聞、遊戲、金融、醫療等領域對文本創作、圖片生成、影片生成等方面的迫切需求，AIGC在降本增效的同時，有望提升其創作內容的產出品質，並減少有害性內容的傳播。AIGC可以實現人類創意的不斷激發，提升數位世界內容多樣性，加速推動數位化轉型落地，全面打開未來數位經濟的海量成長空間。

- AIGC深度賦能高品質發展

AIGC引導技術變革，重塑數位內容的生產方式和消費模式。隨著數位經濟與實體經濟的融合程度不斷加深，平臺型互聯網大

第四章
AI商機：AIGC產業應用與前景

廠的數位化場景紛紛向元宇宙轉型，成為Web3.0內容創造的新引擎。

ChatGPT不只是技術的創新和應用的創新，其背後更是AIGC催生出的全新產業生態。ChatGPT開啟付費訂閱試點，正式拉開了AIGC商業化進程的帷幕，AIGC的產業生態也在加速形成和發展。AIGC在內容生產領域和相關延伸應用領域都有著廣闊的前景，預計到2030年市場規模將超過千億美元。

ChatGPT是我們今天看到的主要AIGC技術形態，雖然互動方式主要停留在文字層面，但給人們提供了非常大的想像空間。隨著深度學習模型的不斷疊代，AIGC產生的內容形式「百花齊放」，產出效果逐漸逼真直至真假難辨。只有將AIGC通用大模型的核心能力落腳到實際應用場景，做好垂直領域疊加，才能形成良性的AIGC產業生態。

當AI模型與算力的發展突破了「臨界點」，AIGC對人類個體的賦能效果已經變得不容忽視。AIGC產品能夠透過資訊獲取、格式整理、內容翻譯等方式，提高個人使用者的實際工作效率。像剪輯、修圖軟體一樣，AIGC能夠進一步降低大眾使用者的創作門檻，有助於加強數位社區的互動和發展。數位社區使用者對內容的深入探討與偏好回饋可以為AIGC模型提供優質的疊代建議，同時降低平臺上內容的維護和管理成本。

數位內容的生產取決於人類的想像力、製造能力和知識水準。AIGC的快速興起本質上看，源於深度學習技術的快速突

破。AIGC透過其高通量、低門檻、高自由度的生成能力服務於素材生產者和場景創造者，滿足其日益成長的數位內容需求。在應用價值層面，「資料＋算力＋演算法」三大核心技術要素，決定了AIGC的數位內容產出品質，並引領數位經濟產業的高品質發展。

「AIGC+」的任意應用情景組合，給了人們體驗不同領域創作內容的機會。AIGC在數位內容創新與藝術創造傳播等方面的長足發展累積，將快速輻射到其他領域，尤其是數位化程度高以及內容需求豐富的領域，如電商、影視、傳媒、遊戲等行業。AIGC將重塑資訊的基本生成方式，成為互聯網世界新的流量入口，孕育更多新穎的技術形態與商業模式，對社會價值的創造產生變革性影響（見圖4-6）。

- 「AIGC+電商」行業應用

ChatGPT新技術的落地為以內容創作為基礎的電商平臺帶來了無限可能。互聯網透過優質的內容傳播，採取直播或短影片等手段引發使用者的購買興趣，但隨著電商平臺的流量紅利「見頂」，企業開始透過規模化創意內容投放的方式來獲取流量。短影片創意素材和內容創作進入瓶頸期，AIGC技術或為電商平臺的內容創作和生產帶來更多可能。

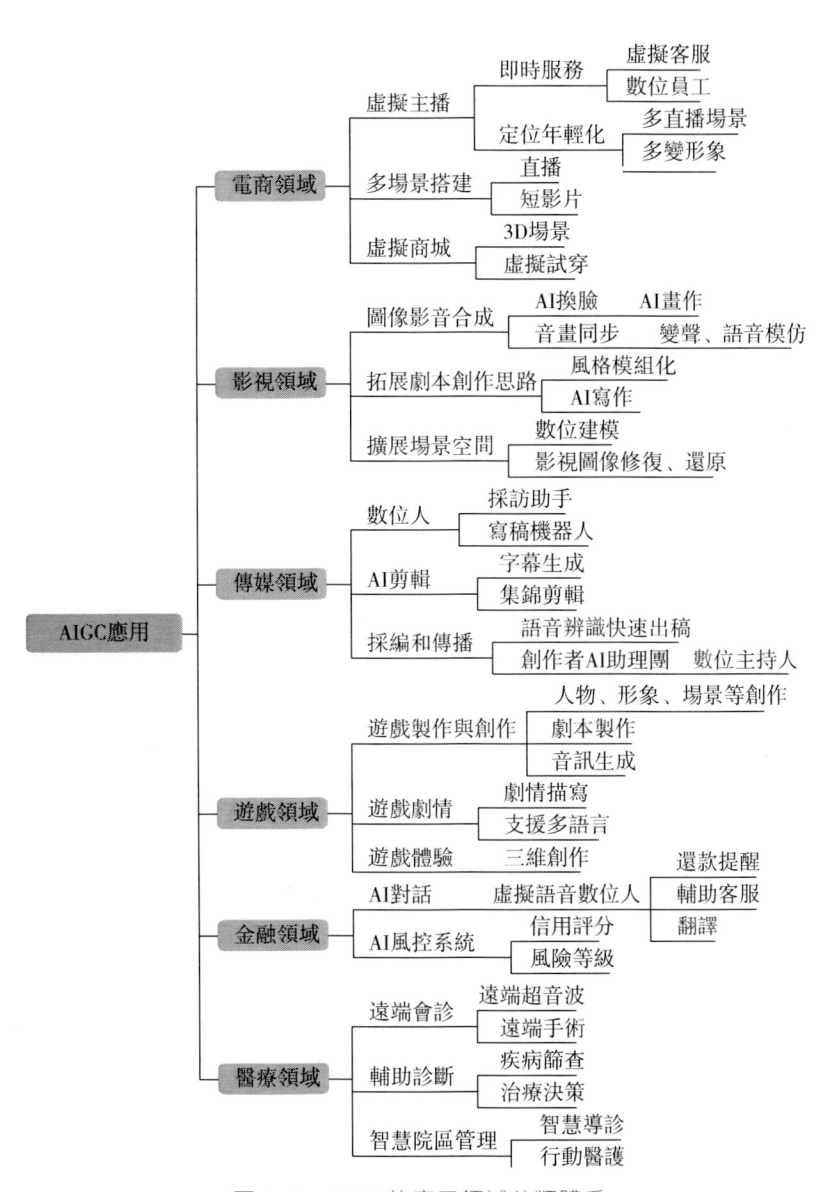

第四章
AI商機：AIGC產業應用與前景

- AIGC應用
  - 電商領域
    - 虛擬主播
      - 即時服務
        - 虛擬客服
        - 數位員工
      - 定位年輕化
        - 多直播場景
        - 多變形象
    - 多場景搭建
      - 直播
      - 短影片
    - 虛擬商城
      - 3D場景
      - 虛擬試穿
  - 影視領域
    - 圖像影音合成
      - AI換臉
      - AI畫作
      - 音畫同步
      - 變聲、語音模仿
    - 拓展劇本創作思路
      - 風格模組化
      - AI寫作
    - 擴展場景空間
      - 數位建模
      - 影視圖像修復、還原
  - 傳媒領域
    - 數位人
      - 採訪助手
      - 寫稿機器人
    - AI剪輯
      - 字幕生成
      - 集錦剪輯
    - 採編和傳播
      - 語音辨識快速出稿
      - 創作者AI助理團
      - 數位主持人
  - 遊戲領域
    - 遊戲製作與創作
      - 人物、形象、場景等創作
      - 劇本製作
      - 音訊生成
    - 遊戲劇情
      - 劇情描寫
      - 支援多語言
    - 遊戲體驗
      - 三維創作
  - 金融領域
    - AI對話
      - 虛擬語音數位人
        - 還款提醒
        - 輔助客服
        - 翻譯
    - AI風控系統
      - 信用評分
      - 風險等級
  - 醫療領域
    - 遠端會診
      - 遠端超音波
      - 遠端手術
    - 輔助診斷
      - 疾病篩查
      - 治療決策
    - 智慧院區管理
      - 智慧導診
      - 行動醫護

圖4-6　AIGC的應用領域分類體系

虛擬主播上線，拉近觀眾距離

「數位人」虛擬主播可以為觀眾提供24小時不間斷貨品推薦介紹，提供即時服務，更具人性化特點。虛擬主播可配合真人主播的時間，在凌晨時間段替代真人進行直播，為使用者提供更靈活的觀看時間和更方便的購物體驗，以及24小時無縫對接的直播服務，為商家節省成本的同時創造更大的流量。

虛擬主播的言行舉止代表著商家的形象，品牌方按照品牌定位給虛擬主播建立人設，虛擬主播的互動活力和共情能力雖然無法媲美真人主播，但其高穩定性、安全性和可控性的特點，越來越受到企業的青睞。比如，中國屈臣氏和彩妝品牌「卡姿蘭」相繼推出自己的品牌虛擬形象，作為其直播間日常的虛擬主播導購，形象健康而有活力，聚焦「圈粉」19~25歲的年輕粉絲，有效拉近了商家與消費者的距離（見圖4-7）。

圖4-7　屈臣氏虛擬品牌代言人「屈晨曦」

隨著時間的推移，虛擬數位人逐步邁入AIGC數位化產業的深水區，不僅「活躍」在直播帶貨場景，還在虛擬客服、數位員工等多個場景中扮演重要角色。AIGC數位人能夠辦理業務、銷售商品、提供個性化的推薦和建議，其工作效率遠超人工客服。

　　對話式的虛擬人可替代人類完成重複性高、規則性強的對話交流任務，提供「坐席助手」、智慧調度等輔助功能，解決面對海量消費者訪問時，客服資源極度緊缺的問題，與傳統人工客服並肩作戰。在京東言犀平臺，依靠領域性大模型K-PLUG，實現了短文本和長文本的自動生成，覆蓋了京東3000多個三級品類，累計生成文案30億字，應用於京東「發現好貨」頻道、「搭配購」等，累計帶來超過人民幣3億元GMV。京東的虛擬主播擁有迷人的形象、媲美真人的聲音，京東雲言犀透過自研的3D Neural Render神經渲染器，自動合成了數位虛擬主播的面部動作細節，在人機互動中實現了「音唇」精準同步。在2022年雙11期間，虛擬主播在近200百家付費品牌店鋪中開播，累計帶來了數百萬GMV轉化。

AIGC賦能虛擬商城搭建

　　AIGC智慧生成的3D場景，提供商品的展示和虛擬試穿等功能服務，為使用者提供全景式虛擬購物現場的消費體驗。3D模型形象化、生動化地實現了360°全方位的產品展示，有效地凸顯了產品的特點。同時，商戶可以自主上傳商品的3D模型素材，使得商品詳情頁上可以展示更多客製化資訊，結合Sirv插件，讓產

品真正動了起來。超前的商品3D瀏覽視角、線上虛擬試穿功能，為使用者提供貼近實物的沉浸式消費體驗，加深使用者與產品之間的互動。除此以外，Nike和Roblox合作推出了虛擬大型旗艦店Nikeland，將體育活動與各式遊戲相結合，使用者可以用各種Nike產品裝扮自己，在「商店」裡購物時處處都能看到Nike的影子。

- 「AIGC+影視」行業應用

在數位時代，藉助AIGC技術，趣味性影像、影音和虛擬偶像得以自動生成，這極大激發了使用者對AIGC的使用熱情，加深了使用者對娛樂元素的追尋以及對文化歸屬的渴望，同時也進一步擴展了娛樂行業的邊界。

影視行業歷來都是視覺技術發展的重要需求高地。從默片到臺詞劇，從露天銀幕到IMAX 3D，從前期創作、中期拍攝到後期製作，影視製作過程中的問題屢屢暴露，不斷推動影視技術的發展。目前，普遍存在的業務痛點是演員自身侷限性、劇本創作固化、製作成本高昂等，急待進行產業結構的升級。豐富的線上影片、娛樂資源與AIGC前瞻技術相結合，可以進一步賦能影視行業，拓展在影視內容創意、製作效率、使用者互動等方面的綜合生產能力。

賦能影像與影音合成

在影像合成方面，AI換臉和AI畫作以使用簡單、畫作精美等特點迅速流行，極大地滿足了使用者的獵奇需求，這些趣味應用

「病毒式」地在網路上傳播，激發了大量使用者熱情，受到了使用者的一致好評。

在影音生成方面，AI合成影音卡通結合多元化的呈現方式，增強了使用者與虛擬偶像互動的娛樂性效果。2020年3月，使用者使用騰訊優圖實驗室的人臉融合技術解鎖了變臉玩法，使用者可化身「和平精英」遊戲中的人物與火箭少女101同框合照。在語音合成方面，騰訊旗下的多款遊戲均已集成變聲、語音模仿、自動生產短影片等AIGC功能，帶來了強大的娛樂社交傳播影響力。

透過人工智慧合成人臉、聲音等相關技術，可實現多語言影片音畫同步、演員角色跨越轉換、特效生成，以及高難度動作合成等，從各方面盡可能地減少因為演員自身侷限對影視作品呈現效果的影響。2021年，英國公司Flawless利用視覺化工具TrueSync，透過AI技術調整演員的口型，解決多語言譯製片中演員口型和語言不同步的問題。

中國在此方面也在奮力追趕，如在央視紀錄片《創新中國》中，央視和科大訊飛利用AIGC演算法，根據紀錄片的文稿素材，使用著名配音演員的聲音合成了紀錄片配音。除了用於合成經典聲音，AI換臉技術還可以對主角人物進行替換，減少影視作品創作中因演員個人行為不當問題對影片上架產生的負面影響。

拓展劇本創作思路

AIGC協助創作者歸納整理海量劇本，並按照預設風格規模化、批量化地生產劇本，激發創作者的靈感。基於AIGC的輸出

成果，創作者從中再篩選出優質作品進行二次加工，拓展創作思路，該創作模式可大幅縮短創作週期，減少大量無用功。

2016年6月，美國紐約大學團隊運用AI技術編寫的電影劇本Sunspring，成功入圍倫敦科幻電影48小時挑戰賽十強（見圖4-8）。2020年，以電影專業出名的美國查普曼大學的學生利用OpenAI大模型GPT-3完成了一項壯舉——編寫劇本並製作短片《律師》。

中國部分科技公司也正在積極探索並逐漸開始提供智慧劇本生產相關的服務，如海馬輕帆推出的AI寫作功能，將已經完成的小說內容上傳至「小說轉劇本」的文本框中，可一鍵轉換生成相應的劇本格式，透過理解、拆解、組合小說中的描述語言，將其重組為包含了場景、對白、動作等視聽語言的劇本格式文本。

圖4-8　電影Sunspring畫面

擴展場景空間，還原音像清晰度

透過AIGC技術，可以自動獲得無法實拍或拍攝成本過高的

影視場景。2017年，中國電視劇《熱血長安》根據前期大量採集的場地實景，再輔以數位特效，使用人工智慧技術虛擬出劇中大量的特殊故事場景。結合針對演員表演活動的即時摳像技術，將演員動作與虛擬場景進行融合，完成原來無法實拍的高難度場景，以更低的成本完成影視劇作。

AI技術還能實現對影視影像的修復和還原，提升影像資料的清晰度，保障影視作品的畫面品質，還原時代久遠的經典作品。基於AI的影像處理系統「中影神思」，已經成功修復了《馬路天使》等1930年代的多部電視劇，「神思」系統在修復電影的時間和成本上也有了顯著的縮減成效，電影的修復成本降低一半以上。與此同時，愛奇藝、優酷等主流媒體平臺也將AI修復經典影視作品列入了未來新成長的業務拓展線條。

- 「AIGC+傳媒」行業應用

AIGC作為當前最新的內容生產方式，有望帶來數位營銷、內容生產的價值重估，推動傳媒向「智媒」轉變。由於傳媒行業對內容的新、快，以及差異化等需求較大，透過採訪助手、寫稿機器人、字幕生成等人機協同方式可有效輔助傳媒工作者，深刻地改變媒體生產內容的主流方式，提高媒體人的基礎工作效率，對整個傳媒行業進行全面賦能。

在採編環節，語音辨識技術與轉寫技術的誕生，幫助傳媒行業迅速將採訪稿以文字的形式輸出，提高了新聞內容的準確

性與時效性。在智慧影片剪輯環節，使用影片字幕生成、影片集錦等影片智慧化剪輯工具，可高效節省人力時間成本，最大化著作權價值。以中國為例，在2022年冬奧會期間，透過使用AI智慧內容生產剪輯系統，央視影片快速發布了與冬奧冰雪項目相關的影片集錦內容，實現了對體育媒體著作權內容的深度開發和價值探勘。

在傳播環節，AIGC技術為社區生態注入了新活力。「創作者AI助理團」作為百度移動生態AIGC應用的先遣部隊，已在百家號平臺全面上線，推出了AI作畫、圖文轉影片、數位主持人等諸多功能，為創作者提供更多場景的應用體驗。

- 「AIGC+遊戲」行業應用

當前，遊戲行業的增速已經逐漸減緩，其背後包括人口紅利見頂、開發成本高昂、開發時間過長，以及創新能力不足等多方面的原因。

具體來看，遊戲行業的研發成本混合內容製作成本逐年高漲，內容優質、元素豐富的大型遊戲直接與高昂的製作成本掛鉤，產品持續開發的成本壓力導致遊戲創作的門檻變高。對品質較高、內容宏大的3A遊戲和開放世界類遊戲，存在巨量的內容生產要求，同時遊戲的文案創作也十分困難。

在管理方面，遊戲開發團隊的規模過大，成員職能分工複雜，涉及3種職位20多個職能，遊戲開發流程還是主要依靠

人工，很多環節還存在瓶頸，使得品類創新的工作難以高效開展。目前技術方面的瓶頸極大阻礙了遊戲產品品類的創新，例如，美術等環節存在創新匱乏、同質化嚴重等問題；遊戲研發對於文本、美術、影音內容的大規模生成、巨量演算法的建模，以及智慧互動效果等方面均提出了更高的要求。降本與創新對於遊戲行業的未來發展至關重要。AIGC對虛擬空間廣闊、使用者數量眾多的遊戲領域是天然的適用場景，相應地，遊戲行業也是AIGC最重要的商業化落地方向之一。面對遊戲產品複雜的製作環節，AIGC能夠充分發揮其獨特的技術優勢，對包括音訊、影片、文本、3D、編輯器等多生產環節進行相應的製作過程優化，為遊戲行業的繁榮注入更多活力，提供更多想像空間。

滲透遊戲製作流程，降低創作的門檻

AIGC滲透到遊戲製作環節，不僅可以降低製作成本，提升創作品質，提高生產效率，還可以試圖打破該行業「高品質－低成本－短時間」的特殊要求壁壘。具體來說，憑藉生成巨量資料的能力加上生成式AI技術的不斷滲透，在未來，遊戲中的劇本、人物、形象、場景、配音、動作、特效等創作形式都可以透過演算法自動生成，有望創造出更新奇的遊戲類型，持續改進遊戲服務機制，不斷提高玩家的參與度，創造出更加身臨其境和逼真的感官體驗。

AIGC能夠非常迅速地幫助遊戲設計師探索概念和想法，以

產生概念影像，降低藝術創作門檻，實現大批量、低成本、高精度的遊戲製作內容和影像。目前 Midjourney、DALL-E2、Stable Diffusion 等 AIGC 工具，可以實現從文本中生成高品質的 2D 圖片，將其運用到遊戲中塑造遊戲人物角色、道具及場景。例如，初創公司 Scenario 就透過對 Stable Diffusion 模型進行微調，製作出了高品質的遊戲美術素材。

AIGC 生成的音訊對遊戲人物、場景的效果加成，可以使遊戲劇情更加生動，使得玩家更容易沉浸於遊戲體驗中。AIGC 可根據遊戲裡設定的參數進行聲音模擬，例如針對不同的角色形象、走路姿勢、場景，都會自動地產生合適的聲音效果。目前，Soundful、Musico、Aiva 等公司正在嘗試運用人工智慧技術創造音樂，更好地實現互動配樂的模式。

助力生成遊戲劇情，提升遊戲體驗感

AIGC 的文字生成功能能夠塑造和傳統 3A 遊戲完全不同的全新敘事體驗，提高故事的互動性。使用以 AIGC 相關技術作為技術內核的圖形化敘事遊戲平臺 Hidden Door，每個玩家都可以用 AI 引擎協助構建完整的遊戲敘事，創造出更加沉浸式的故事體驗。

Quantum Engine 是由遊戲公司 Cyber Manufacture 於 2023 年 1 月發布的最新 AIGC 技術預覽，與 ChatGPT 的功能相似，能夠與使用者進行流暢的對話交流。更加特殊的是，Quantum Engine 的對話功能在遊戲領域中可以充當 NPC 角色。只要給 Quantum

Engine提供一個劇本，使用者就可以透過英語、中文等多種語言，與AI進行即時的遊戲劇情互動，Quantum Engine會根據劇本內容進行逼真的角色扮演，它的回答會隨著使用者的表達方式和語氣的差異隨機改變，在劇情推進方面為使用者帶來了極強的情緒價值。

創造全新玩法和體驗，內容品質顯著提升

長期來看，在AIGC工具的幫助下，未來有望實現更多的遊戲玩法和全新的遊戲體驗。以微軟的《模擬飛行》為例，透過與blackshark.ai合作，可以訓練人工智慧演算法模型實現從二維衛星影像生成一個逼真的三維世界，其場景非常壯觀，使玩家能夠真實感受到圍繞整個地球飛行的特殊體驗（見圖4-9）。未來，《模擬飛行》這種超大型世界觀精品化遊戲的供給或將大幅成長，這類遊戲本身在產業的話語權也將進一步提升，遊戲行業的供給將逐漸呈現「百花齊放」的盛況。

圖4-9 《模擬飛行》遊戲中的三維世界

此外，基於AIGC，可以用較小的人工成本實現代碼開發效率的快速提升。以GitHub Copilot為例，該工具透過AI技術能夠根據專案的上下文和風格約定自動補齊代碼，幫助開發人員更快地編寫。對於遊戲產品中每個技術模組的編寫，AIGC可透過其代碼自動生成功能，讓開發人員顯著提高開發效率，從而系統性地加快遊戲產品的疊代更新速度。

　　遊戲玩法類型的創新得益於技術的飛速進步，AIGC在遊戲的製作環節將帶來突破性的變革，未來在AIGC的驅動之下，遊戲行業將迎來新一輪的創新性產品爆發。

- 「AIGC+金融」行業應用

　　ChatGPT的大火，讓金融行業開始重新審視AIGC的價值所在。此前，中國已有不少機構或多或少涉足了AIGC的應用，比如網商銀行的百靈系統，透過AI信貸員與使用者交談，依據使用者提供的發票、帳單、合約、門口照等資料，經過風控系統判斷是否給使用者增加信貸額度。浦發銀行此前也曾推出過基於AI技術的「虛擬數位人」應用，將其作為數位化轉型的重要布局。

　　透過「資訊+算力+演算法+場景」的多重疊加效應，在銀行系統中廣泛使用的智慧語音機器人可支持多輪精準互動回答，輔助銀行客服開展信用卡推廣、理財營銷、客戶回訪等工作。語音機器人強大的語音辨識模型能辨識多國語言以及中國多種方言，將使用者輸入自動翻譯成機器可理解的文本內容，並迅速向

客戶做出相應回饋。此外，智慧語音系統還設有視覺化配置介面，實現銀行端即時的話術修改或調整，進一步優化了金融機構的營運成本。

此外，銀行也會根據信用卡客戶的信用評分和風險等級，制定不同的還款提醒策略，以及關係到技術與業務場景的還款提醒話術，確保人工智慧產品深度嵌入銀行基線業務的實際效果。

●「AIGC+醫療」行業應用

ChatGPT輕鬆通過了美國執業醫師資格考試的事件，讓AIGC在醫療界的應用引發了極大的關注和熱度。AIGC藉助數位化轉型浪潮，整合機構內外關鍵的醫療知識資源，為醫療工作者提供更具價值的輔助決策資訊。例如，中國平安健康旗下打造的AskBob醫生網站，基於4000萬醫學文獻、20萬藥品說明書，以及2萬臨床指南等中英文醫療知識圖譜，融合深度學習演算法模型，為醫生提供個性化的精準診療推薦和輔助決策服務。

AIGC數位人在醫療領域的應用場景同樣十分廣泛，其具體應用場景主要有遠端會診、遠端超音波、遠端手術、應急救援等遠端醫療應用；疾病篩查、輔助診斷、治療決策等醫療輔助手段；以及智慧導診、移動醫護、智慧院區管理等。

例如，AIGC數位人可以模擬真實世界中的病人，提出各式各樣的症狀和問題，讓醫生進行診斷和治療。醫生透過與AIGC數位人持續進行交流，不斷訓練它們的專業技能和業務知識，幫助

醫生更好地提升臨床診療能力和綜合服務水準；AIGC數位人可以為病人提供諮詢和教育，幫助病人更好地了解自身疾病，自動生成有針對性的治療方案；AIGC數位人還可以協助醫生進行病理學的分析和診斷，提高診斷的準確率和效率。除此以外，基於AIGC技術，還能夠根據病人的患病情況和臨床診療資訊等大數據特徵構造出個性化、標籤化的使用者模型，即準確刻劃病人的精準畫像。醫生透過病人的畫像可以快速、準確地研判病情，進一步為患者制定出有針對性的用藥方案和治療方案。

　　電商、影視、傳媒、遊戲、金融、醫療等各行業進一步向數位化推進，都離不開AIGC技術的蓬勃發展和加速落地。從整體來看，AIGC技術已經開始深入融合到人們生活中的每個角落，透過各種新穎的產品模式和商業模式，加速滲透到現代經濟社會的方方面面。

第五章

AI衝擊：
變革、焦慮與反思

第五章
AI衝擊：變革、焦慮與反思

　　AIGC顛覆性創新性的技術革新不僅帶來了生產力飛躍，也給行業輸入了新鮮血液，但其兼具的規則破壞性也給就業市場帶來了震盪，給人類帶來了「被替代」的危機感。當下，上班族將要被取代的話題廣泛地引發了人工智慧技術與人類關係的思考，這一爭議性的討論同時也延伸到了教育和倫理方面。AIGC是人類用來改造世界的技術手段，是輔助人類生產的工具，而不是對人類的替代。只有AIGC被合理用於幫助人類解決問題時，才能做到真正解放人力，更好地發揮主動性和創造性。人與AIGC的關係是相輔相成、相互補充的，不應是排斥和完全替代的關係。AIGC是工具的進化，也是人類自身的進化。

時代焦慮：人工智慧與上班族

　　當下，人工智慧早在不知不覺中深度融入人類的日常生活中。只要一句話，人們就能簡單方便地操縱手機語音助理、「清潔工」掃地機器人，以及兼具陪伴功能的電子寵物機器人，享受「智慧家控」系統的全方位守護。生活中，很多事無巨細的事項都能由人工智慧負責處理，人類在享受著便利的同時，也時常會因它們的聰明和強大而感到擔憂和焦慮。

　　不知你有沒有遇到過這樣的情景，僅僅是腦子裡想了想，和朋友聊天說了幾句話，電子設備好像就能捕捉到你的想法。有時

候我們都無須說出來或是去搜尋，相關的資訊就已精準地推送到你面前，人工智慧似乎比你自己更懂你。網路資料時代，過分的「智慧」很容易讓人產生一種被監視甚至是被操縱的感覺，人們似乎正在失去個人隱私，走向透明。這種滲透生活的超能力就是人工智慧帶給我們恐懼的來源。

更進一步，AIGC是人工智慧的又一次進化疊代，雖然給人類帶來更智慧、輕鬆、便捷的生活，但其出色的創作能力如「海嘯」一般撼動了人類在勞動力市場的地位。人類開始思考：未來AIGC是否會將人類趕入一片「棲息地」，人類文明會不會被人工智慧超越，直至消失？人工智慧快速發展的時代，AIGC能否替代真正的創作者？AIGC的出現是否意味著人工智慧的發展進入「奇點」？這場人類與人工智慧的淘汰賽，誰才會是最後的贏家？

• AIGC是「助手」而非「對手」

ChatGPT出現後，在驚嘆其技術魅力的同時，人類很快發出了「還能這樣」、「我該怎麼辦」、「我會不會被取代」的聲音。人類與人工智慧的關係是複雜的、矛盾的。人類創造人工智慧的初衷是希望人工智慧可以代替人工，解放生產力，但卻不希望被取代的人是自己。人們希望人工智慧可以替人類「辦事」，又擔憂人類自己的主宰地位被威脅。從幾年前的人工智慧的「替代威脅論」，升級到現階段ChatGPT和AIGC會否取代眾多職位導致

大規模的人口失業？哪些行業和職位首當其衝？這些集科學和人文倫理於一體的複雜問題，不斷反覆地被提及議論。這種擔憂不無道理，人工智慧的突破確實讓許多工作職位變得岌岌可危。對於早期的人工智慧「替代威脅論」，劍橋大學教授卡爾・班奈狄克和麥可・奧斯本曾經透過機器人專家軟體列出了被人工智慧取代機率超過50%的職業，包括客服、保全、工人、廚師等當下主流行業。這些職業多是工作內容重複性較大，或是所涉及的資訊是可以透過技術捕捉、辨識、處理和分析的職業，不存在技術壁壘。技術性失業的威脅迫在眉睫。

如果說，過去人們對人工智慧「替代威脅論」是有所保留的擔憂，那麼在當前ChatGPT和AIGC的衝擊下，這類擔憂正逐漸轉為現實。ChatGPT的理解能力已經達到了相當高的水準，比如一些「彎彎繞繞」的委婉表述，它也可以「無障礙」地準確理解，並且給出合乎常識或價值觀的回答。隨著以ChatGPT為代表的AIGC技術在短期內大規模的商業化落地，以及對各行業的全面滲透，在大幅度提高生產力和生產效率的同時，也給就業市場帶來了巨大震盪。

根據報告預測，未來10到20年，被人工智慧替代的就業職位將上升至47%。預計到2055年，人工智慧基於其自動化的業務能力特徵或將取代全球49%的工作。

以製造業為例，全球僱員數量前十的某大型生產企業，於2019年使用了超過4萬臺機器人取代人工，其將在未來10年

內用機器人取代80%的人工，這意味著80萬人即將面臨失業。目前，很多製造業企業正在加速建設智慧工廠，實現製造流水線的高度自動化產能，一整條流水線可能僅需一兩名管理人員。

以客服行業為例，只要輸入的相關問題和解決方案的案例足夠多，ChatGPT就能按照人類的意圖引導客服對話，做到深度理解上下文語義內涵，給予親切耐心的回覆。智慧客服不僅比人工客服的營運成本更低，還能避免人工客服在服務中因個人情緒引起的主觀回答和冒犯性的對待。此外，基於AIGC的智慧客服還可以保持24小時持續在線，有效緩解人工客服不能在非工作時間段接線的「糟糕體驗」。

人工智慧確實取代了基礎性的，人類不願意從事的艱苦、枯燥、繁重的工作。不過，具有思想性的、內涵性的、研判性的工作其實很難被人工智慧技術所替代。以速記員的工作為例，當前很多智慧設備可以透過自然語言處理技術的和語音辨識技術，快速將語音訊號轉變成文字形式的資訊，但是對於轉換後資訊的分析和深度解讀，機器就無能為力了。在法律系統的工作中，ChatGPT可以審閱撰寫的訴狀，對卷宗簡要分類，做一些簡單的體力勞動，但不能替代法官做更多判斷。在新聞傳媒行業中，AIGC可以輔助記者快速凝練材料，撰寫、修改稿件，但機器始終無法感同身受、追求真相、主動挖掘事件背後的線索故事，並延伸出對所報導事件的思考和理解。

第五章
AI衝擊：變革、焦慮與反思

AIGC和ChatGPT確實可以解決一些實際工作中的問題，包括從已有的資料中做總結和學習，解決已發生過的問題，更多的是為工作流程提供「方便」，而不是獨立地創造出新的事物、總結事物內在的規律，以及解釋世界。即便機器有能力替代人類完成更複雜的工作任務，也不能對情感有真正的理解。人之所以為人，最本質的區別就在於具備情感能力和深度思考的能力，這些都是人工智慧難以達到的技術高度。

科學技術的發明創造及其在社會上的各種應用，最初目的僅是為部分地減輕人類的勞動負擔，而不是讓人類大規模地失業。但確實需要思考的是，人類在所從事的職業中發揮的不可替代作用是什麼。AIGC究竟是「搶飯碗」還是「造飯碗」？

不可否認，AIGC正逐步滲透到越來越多的生活場景，美圖照片、直播、短影片等，隨處可見AIGC的痕跡，AIGC也為數位內容生態注入了新鮮血液。AIGC的價值確實在部分領域足以做到「亂真」的地步。比如，AIGC作為文本AI編輯工具，是一個「閱萬卷書」的小助手，幫助收集資料、生成多篇文章內容的總結和歸納以供參考。此外，AIGC的作畫能力，已經替代了部分插畫師的工作，可根據需求快速生成目標畫作。值得說明的是，很多自媒體創作者已經在使用AI繪畫的作品替代無著作權圖片作為內容的封面。其中，ChatGPT可以透過對大量語料學習，翻譯各種文件、文章和網頁等資料，並具有非常高的翻譯精度，其還可以助力文本自動生成PPT，進行代碼構建（見圖5-1）。

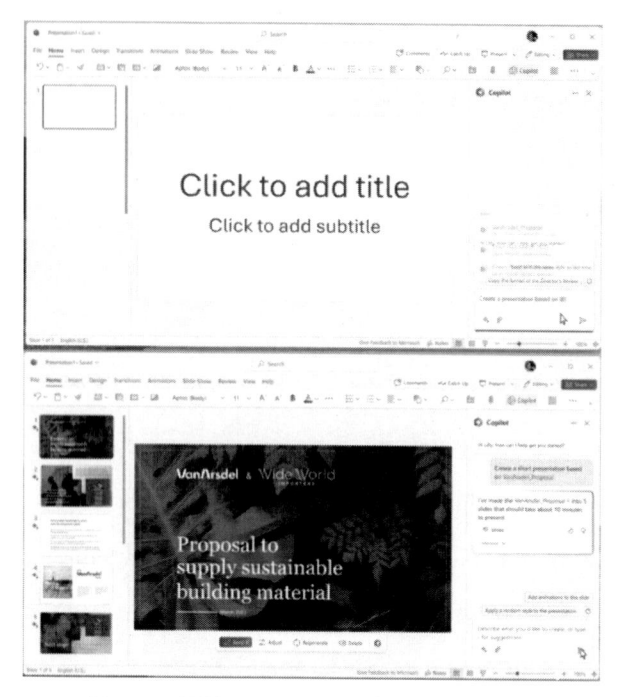

圖 5-1　基於 AIGC 技術自動生成 PPT 報告

　　但對於真正需要「創造」的場景，AIGC 只能望洋興嘆。AIGC 是基於以往已發生的規律和解決過的情景才能做出相對應的措施，如果事件從未發生，AIGC 的演算法能力就會表現得差強人意。例如對於現階段運用在新聞傳媒業務的新聞通稿，AIGC 可以輸出格式與風格一致的「模仿」作品，但在觀點、態度、思想，以及難以預知的問題和場景上，都無法進行可靠的內容生產創造。

　　儘管 ChatGPT 偶爾也會給出精妙的回答，DALL-E2 經常會生成令人拍案叫絕的畫作，但這些內容本質上都是「似曾相識」

的，有創作過的作品可以參考。AI更擅長模仿，這還不能體現足夠多的「智慧」。

科技的創新或許會替代部分傳統職位，但不會讓人類遭遇大面積的失業。因為當新的技術進入到生活中，人們必然會產生新的需求，新的職位也會隨著新需求應運而生。舉個假想中的例子說明，假設因為人工智慧的發展，高鐵全部改成由人工智慧控制，人工智慧代替駕駛員和服務人員，一班高鐵僅保留一名管理人員應對個別特殊情況。火車站也改為由人工智慧接替調度員、控制員。那麼，接下來將出現什麼情況呢？

工作人員被人工智慧替代，削減了高鐵營運中大量的人工開支和管理費用，營運成本有效降低，在競爭的壓力下，高鐵的售價就會降低。高鐵價格降低後，出行需求就會上升，從而帶動旅遊周邊產業的發展及就業。另外，當高鐵需求和收益增加時，相應的要求更多的動車投入、基礎建設、運力和線路開發等，這些都將帶動相關產業的發展，包括大宗商品、零部件製造、人工智慧軟硬體、鐵路設施、物流公司、旅遊業等數十個甚至數百個行業。這些行業的擴大投入也都會增加更多勞動力就業機會。當人類開始發展人工智慧，把勞動力從繁重的工作中解放出來時，雖然會淘汰很多簡單重複的勞動，但是也會帶動更符合人類社會需求的相關行業發展。技術發明的目的不是替代勞動，而是優化勞動力結構。

網路購物興起之初，許多線下實體店紛紛倒閉，導致部分實

體店員工失業,當人們開始質疑經濟是否會倒退時,不可勝數的網店創辦了起來,同時促進了物流行業欣欣向榮的發展,造就了電商行業的輝煌,增加了社會財富。電商行業的成功創造了更多的就業機會,包括電商主播、電商營運人員,以及快遞員等。

技術的進步,特別是重大技術進步,應是為人類創造更多的機會,而不是制約人類更好的發展。AIGC的出現也是一樣,會讓人們從重複性的工作中解脫出來,擁有更多自由支配的時間。在自由時間裡,人們可以把新的想法和「天馬行空」的創意繼續投入未來技術創新和商業創新中,推動社會的不斷發展和進步。

因此就目前來說,我們還不需要過分擔憂AI發展以及AIGC普及引發的失業問題,在技術進步的進程中,必然會出現更多「新工種」供人們重新選擇。

• AIGC 的大規模替代,言之為時尚早

人工智慧是為了代替重複的機械勞動,或者完成重複且大規模的計算任務而出現的。雖然AIGC在文本、繪畫、編程等領域的創造能力發揮出色,並且已經形成了部分機器代替人力的局面,甚至造成了一小部分人的失業。然而,人工智慧尚做不到與人類感同身受,深度創新能力幾乎為零,創作的內容在情感程度上也偏弱。AIGC技術對於依賴科學研究和批判性思維能力的工作,總體影響程度更小。

人工智慧並不存在大規模的、完全的職業職位替代,而是改

變了傳統的工作方式，轉變了原有的分工形式。其中，人類主要負責創造性比例大、技術含量等級較高的工作內容；而 AI 機器則完成它們擅長的常規性、重複性、結構化程度高、計算特徵強的基礎感知任務以及淺層分析類工作。AIGC 推動創造力就業需求提升的同時，也會加速生產活動中低階勞動力的「去技能化」趨勢，將規律性、規則性的工作逐漸驅離當前就業市場，同時，更依賴人類思維創新的工作將得到發展。

虛擬主播作為當下電商行業炙手可熱的技術產品形態，所創造的內容價值是其背後前沿資料科學技術更新疊代的直觀映射。基於影像辨識、動作捕捉、智慧互動、語音合成等多重 AI 技術融合打造出的具有精細面部表情的虛擬主播，展示出和真實世界人類主播完全不同風格的直播表現，不僅可以配合遊戲互動、連麥直播、帶貨講解、24 小時在線，其低成本、全覆蓋的傳播效果也十分明顯。

但這些功能只是虛擬主播的起點，隨著人們對虛擬主播的熱度退去，其技術上的缺點將逐漸凸顯放大。例如，純演算法和資料驅動的 AI 虛擬主播互動性較弱，對於觀眾的具體提問和詢問只能做預設好的簡單回答，更多問題解答和引導下單能力都不如真人主播的「隨機應變」。

實際上，業界較早出現的虛擬偶像「洛天依」，在微博上僅有 537.8 萬粉絲，依然無法與當下頂流明星、紅人的粉絲數量規模相比。2022 年 5 月，「洛天依」開始了首場直播帶貨秀，有 300

多萬人觀看、200多萬人打賞，這個資料與真人主播的帶貨戰績還有一定的距離（見圖5-2）。截至2023年4月，在小紅書帶貨的數位藝術策展人AYAYI，只有第一條筆記的「點讚量」超過了10萬，剩下的筆記「點讚量」都只有寥寥幾百，小紅書的粉絲數量也僅為12.7萬，只能算是腰部KOL。

圖5-2　虛擬偶像「洛天依」亮相直播間

　　從所塑造的場景感官效果看，虛擬偶像帶貨的戰績和使用者經驗仍有待提高。部分虛擬偶像在帶貨試穿服裝時，往往會藉助虛擬場景進行變裝，但此舉無法給消費者提供身臨其境的量化參考，和真人試穿效果對比，很難引起消費者的共鳴。虛擬偶像帶

貨化妝品，更難達到「上臉測驗」的驗證效果，只能依靠語言講解和展示的單一方式，因此消費者質疑產品品質的情況在所難免。基於此，大部分品牌通常會選擇在凌晨後的冷門時段才開始投放虛擬主播宣傳。

從人文角度來看，AIGC當前的現狀是缺少真正優質、具有獨創性的爆款內容。AI作畫的細節禁不起推敲，畫面也缺少質感，沒有真實藝術家獨有的細膩的情感、筆觸和畫風；百度虛擬AI助手「度曉曉」寫出的文章也曾被網友認為是辭藻堆砌，缺乏真情實感。這些缺陷在短期內很難透過演算法優化彌補。

不少深度「嘗鮮」AIGC技術的使用者評論，現階段的AIGC還不夠靈活，其功能只能替代人類簡單的、重複的、已有經驗的活動，難以凸顯出令人信服的創造性和推理能力。「紙上談兵易，躬行踐履難」。在科技與內容之間，內容是發自於人內心的產物，解決人心焦慮的同時還需要「人文精神」的滋養，技術手段可以打開物質世界，但卻需要透過探索人類內心世界才能獲得有價值的內容輸出。人工智慧是由人類創造的，但當下還不完全擁有人類的特質。

技術上，可以把人類的情感輸入機器系統中，透過大數據和人工智慧演算法篩選觀點、判斷情緒，以及進行選擇性的交流。但人類有自身獨特的情感屬性，有對世間事物的豐富感知能力，有喜、怒、哀、樂的複雜情緒，有人與人之間的愛恨情感糾纏和人類社會特有的公序良俗與法律約束。這些特質都是當前人工智

慧技術望塵莫及的。

　　人類具有AIGC難以企及的豐富想像力。即使把全世界的文字、繪畫作品、案例等真實世界已發生的歷史資料統統輸入到資料模型中學習，即便AIGC能檢索出所有高品質的藝文作品，也無法企及人類的思維和想像高度，構建出偉大的文化瑰寶，如中國經典文學巨作《西遊記》、《紅樓夢》，風靡全球的奇幻小說《愛麗絲夢遊仙境》、《哈利波特》，梵谷、莫內的經典創世畫作……創新思維本是世界上沒有的，是人類透過不斷的思考、凝練、總結，最終提取創造出來的新產物。人類有自己獨立的思維，才會創造更好的生活。人類智慧是智慧與能力的結合，是複雜的精神活動，是人類運用知識和經驗學習新知識並且運用知識解決問題的能力，比如人類能夠去探索宇宙，人類能夠研發ChatGPT。就目前的技術發展程度看，人類可以創造機器，但是機器很難反過來創造人。

● AIGC催生新機遇、新職業

　　霍金在2017年北京互聯網大會上提出：「強大的人工智慧的崛起，要麼是人類歷史上最好的事情，要麼是最糟糕的事情。是好是壞，我們尚不能確定。人工智慧的發展，本身是一種存在著問題的趨勢，我們應該竭盡所能，確保其未來發展對我們的後代和環境有利」。AIGC的確正在與各行各業進行深度融合。在電商領域，AIGC推進了虛實並存的虛擬主播，升級消費者沉浸式購物體驗感；在影視領域，AIGC拓展了創作空間，促進了音畫協同

和復原技術的發展，顯著提升了影視作品的產能和綜合品質；在傳媒領域，AIGC可以輔助實現人機協同，快速合成新聞素材，提高產業效率，推動新媒體數位化轉型；在遊戲領域，AIGC擴展輻射邊界和創作場景，融合3D技術提供發展動能；在製造、金融、醫療、貿易等更多領域，AIGC助力加速產業全面升級。

誠然，AIGC正在試圖重塑內容生態，但AIGC在發展過程中面臨著諸多問題，相關企業技術不夠成熟、創新能力有待突破、演算法容易被干擾、著作權歸屬存在爭議……這些都在一定程度上阻礙了AIGC快速擴張的步伐。

人類已經意識到以AIGC為代表的人工智慧可能給人類帶來威脅，但AIGC給企業和使用者個人帶來的益處也不能完全忽視，全盤否定。我們需要用審慎的、辯證的目光去看待AIGC的普及，在享受其提供生活便利、生產賦能的同時，找到人類與人工智慧相處的平衡點，獲得和睦互促的共生模式。

可以確定的是，ChatGPT等人工智慧一定會對人類的工作方式、就業形勢產生顯著的影響與衝擊，對整個經濟社會的生產方式、消費模式引起重大變革。要想在AIGC引領的全新數位化、智慧化時代立足，就要向行業的高階處攀登。當你的身邊除了人類還有機器和你一起「捲」的時候，重複性的工作行業已經沒有機會了。對於當代上班族來說，只有主動挑戰具有難度的任務，才能在未來獲得更有價值的生存空間。人們不必過度擔憂，但要提前準備好迎接未來的更大時代變化。我們要學會和機器打交

道，取長補短，提升邏輯思考能力和技術創新能力。

在AIGC加速的產業數位化大背景下，催生了一系列新的職業需求，這也是未來人們用資訊技術主動擁抱機會和挑戰的熱門領域：

AR影像領域相關職業

AR技術是指擴增實境技術，可以使使用者在虛擬的情況下體驗到現實感的場景。隨著人工智慧和5G技術不斷發展和普及，AR也將成為人們茶餘飯後的娛樂項目。人們可以透過虛擬環境來體驗身臨其境的遊戲快感，隨著AR項目和應用場景的井噴爆發，AR領域將需要大量的構架師和開發人員。

醫療設備輔助相關職業

在未來，隨著人工智慧不斷地發展，在人工智慧演算法和設備的技術決策能力基礎上，只需要把患者的病情輸入到機器中，機器就可以顯示出病人的診斷結果並且做出科學的解釋。操作機器設備的輔助人員，可能只需要專業的護理水準就能給病患診療。因此未來，關於AI醫療設備的輔助人員將開啟大量的人才需求缺口。

大數據分析相關職業

「資料偵探」職業將會是一個全新的職業，主要的工作內容是透過人工智慧設備進行大數據分析，為企業、機構提供資料探勘和營運決策服務。儘管AI演算法可以解決越來越複雜的業務問題，但仍需要在專家的智慧與經驗的操控下，才能更為有效地迸發出強大的潛能。未來，構建AI應用、使用AI應用，以及基於

AIGC平臺進行高品質內容創作的產業將亟須大量人才。

順應時代發展的潮流，面對以AIGC為代表的AI技術競爭壓力及其對就業市場的影響，勞動力資源將移轉到新興產業領域或找到其他適合的工作機遇。對於企業而言，可以發揮人工智慧優勢，透過採用自動化技術優化業務流程，增加員工職業技能培訓和擴展學習的機會，減少技術性失業風險的可能。至於勞動者個人，要有危機意識，持續學習、終身學習，掌握靈活運用知識能力，提升閱讀理解能力，不斷獲取數位化時代的新知識、新技能，以適應人工智慧發展所帶來的行業變化，更好地適應就業市場的新需要。

人工智慧的發展為全球經濟帶來了新的成長點，機器可以承擔日常、乏味、危險、汙穢的工作內容，讓人類有更充分的時間發揮天賦，為勞動力向高價值產業移轉創造充分外部條件。人工智慧的計算速度的確快人一籌，但要想讓機器更有效地發揮產業應用價值，必須與人類和諧相處、優勢互補、促進協同，實現人類智慧與機器智慧的共同進化成長。

何謂學習：AIGC的教育啟示

隨著ChatGPT的出現，學生很快成為最早的體驗群體之一，當前，接近89%的美國大學生都曾使用ChatGPT完成作業，53%

的學生藉助ChatGPT輔助論文撰寫，48%的學生在ChatGPT的配合下完成測驗。

近期，美國北密歇根大學的一名學生使用ChatGPT生成的哲學課小論文驚豔了教授，獲得了全班最高分。ChatGPT像真正的學霸一樣，還通過了一系列有難度的教育考試。其中，ChatGPT通過了Google編碼三級工程師的面試，成功拿下年薪18.3萬美元的工程師工作；通過了美國執業醫師資格考試（USMLE）；還通過了美國華頓商學院MBA學科考試，提供的解決方案取得了優秀等級。

利用ChatGPT撰寫論文、完成作業這件事，對教育體系的觀念衝擊無疑是很大的，引起了教育界的爭論和恐慌。學術誠信、著作權和著作等極具爭議性的話題，將人工智慧再一次推上風口浪尖。全球很多院校開始陸續採取反制ChatGPT的措施。美國紐約市已制定政策禁止ChatGPT類似的技術在校園中使用。法國巴黎政治學院宣布「禁止學生使用ChatGPT完成作業和論文，違禁學生將會面臨開除的處罰」。但對於ChatGPT，一禁了之是否可行呢？

有關ChatGPT對教育的影響，人們持有積極和消極兩種截然不同的態度。持消極態度的悲觀者認為，教育行業未來迷茫，人工智慧將擾亂教育秩序，讓教育工作本身變得毫無意義；樂觀積極的一派則認為，ChatGPT可以賦能教育活動，另外，以ChatGPT為代表的AIGC工具與其他人工智慧技術成果

一樣，帶來的是挑戰和機遇並存的產業新格局，是教育工作的劃時代轉型機遇。

人們不應單純將人工智慧視為威脅，要「去其糟粕，取其精華」，將先進的技術工具融合進傳統教育工作中，讓AIGC成為潛力無限的教育輔助工具。在人工智慧時代，我們要反思未來到底什麼才是我們需要的教育成績？

• AI皇冠上的明珠：人工智慧教育

教育是立國之本，重中之重，教育與整個社會、產業都緊密相關，現階段的教育正在向資訊文明時代邁進。當前的教育正處於由感知時代向認知時代的過渡，從工業文明時代的教育向人工智慧時代的教育快速轉變。

資料品質和規模的提升、多元學習方式的並存，以及弱化人為干預的學習方法，將成為人工智慧技術對教育行業的賦能的關鍵影響因素。

人工智慧與教育產業的結合，已經發展了二十多年，期間主要跨越了四個階段：

起步階段

1988年，蒙特婁大學組織了第一屆AI教學系統國際會議，被認為是人工智慧在教育領域發展的第一次重要節點，預示著人工智慧在教育產業將開啟新藍圖。1993年，英國愛丁堡舉行第一屆人工智慧教育國際會議，人工智慧教育正式進入起步階段。

賦能階段

20世紀初，Knewton、Realizelt等AI教育企業紛紛成立，人工智慧被逐漸應用在實際教育產業活動中。

相對來說，教育行業是人工智慧技術應用較晚的產業方向，因此隨著成熟的人工智慧技術遷移到教育領域，在短期內迅速得到了廣泛應用。教育產業的智慧產品基於語音辨識、影像辨識等技術，衍生出了「口語測評」、「拍照搜題」等多樣性的新功能形態。

應用發展階段

AI教育的市場格局基本趨於穩定，形成了各方鼎力的格局，AI技術更深度地在教育領域滲透。AI與大數據、AI與雲端運算的融合，讓人工智慧教育產品不再侷限於單一方向的應用，逐漸衍生出了AI虛擬教師、AI助教、AI互動課程等更高階的教育服務產品。有效地輔助教育教學、教學管理工作，減少學習者、教學者，以及管理者花費在重複性工作上的時間，並提高其學習效率或教學效率。此時，人工智慧教育市場已具備較完整的產業鏈分工，整體進入發展快車道。

價值創造階段

該階段是人工智慧教育發展階段的蓬勃時期，革新的教學理念和方法的湧現，更高級知識認知體系的形成與成熟化。教育產品的目標開始逐步觸及學習者如何更高效學習知識。數位教育已成為推動全世界教育體系變革的重要驅動力量。教育的

第五章
AI衝擊：變革、焦慮與反思

首要目標已變成培養能獨立思考和有正確價值觀的學生，而不再是為了獲取特定的知識。ChatGPT有幫助學生做作業、代寫論文的「前科」，因此人們擔心該技術可能對未來教育產生影響。然而，ChatGPT也能夠基於對海量文本的查詢分析，生成類人的回應，可作為「高級」的學習工具協同促進學習效果，推動教育方法的創新與改革（見圖5-3）。

圖5-3　人工智慧助力教育產業變革

ChatGPT對教育最大的挑戰之一，是對傳統教學方法的轉變。基於人工智慧所打造的智慧課堂和智慧校園，從教學形式到學生的課堂體驗上，更突出個性化、情境化和精準化的特徵。人工智慧語音辨識、影片辨識、語義分析、虛擬實境、擴增實境等眾多領域的智慧化技術，是實現教育、教學創新的重要且有效的技術手段。將AI技術融合到教學中，不僅豐富了教學資源的表現形式，更重要的是能夠打破時間和空間的侷限，幫助學生輕鬆獲得對現實世界更

全面、更真切的感受和體驗，進而形成深層次的認知能力。

在人工智慧技術塑造的學習環境下，教師的教學內容從書本知識拓展到整個世界，科學地引導學生主動、按需地找到適合個體發展特點的方式進行學習；教師和學生一起運用數位化工具探索知識和未知的世界，學生不再是簡單地理解、被動吸收知識，而是在學習中利用數位化工具與資源進行知識的探究和轉化，形成自主學習和解決實際問題的綜合能力。

人工智慧生成的內容可以加強賦予教育更多新活力。以ChatGPT為代表的AIGC為教育工作者提供了更新的教學輔助工具，將原本抽象化、平面化的書本知識轉為具體化、形象化的「真實」形態，以更加生動的方式傳遞知識。

ChatGPT可以透過語音和文字兩種方式與學生進行互動，為學生提供更加便捷的學習途徑。具有視力障礙的學生可以透過語音的方式與ChatGPT進行溝通和學習，而具有聽力障礙的學生則可以透過文字資訊的互動完成學習任務；偏鄉地區的教育資源相對匱乏，ChatGPT相關應用的廣泛覆蓋，可為偏鄉地區的學生提供更加便捷、智慧的學習途徑，讓學生隨時隨地與「虛擬教師」進行交流，獲得有價值的指導，享受到更優質的教育資源。這種基於AIGC技術的教學方式，有效地增加了學生的學習機會，促進解決了教育公平的問題。

當然，人工智慧技術還不能完全取代教師「傳道授業」的作用，因為教師的作用不僅僅是講授和教學，還需要具有高階

意識，對教學資源、內容和方式聯合研判，挑選適合學生個性化特徵的教學手段。人工智慧技術的關鍵，是協助教師從煩瑣的日常事務中解放雙手，更專注於思考如何規劃活動和提升教學品質。

綜上，圍繞人工智慧要素的教育工作體系以及 AIGC 未來的深化應用，將為學生創造更加智慧化、人性化的學習環境和學習體驗，對推進教育活動創新改革、學生素養提升、教育公平方面都有重要的意義。人工智慧教育成為 AI 皇冠上的明珠，當之無愧！

● AIGC 對教育的「揚長避短」

雖然人工智慧對教育的意義影響深遠，但對於「數位原住民」的當代學生，面對 ChatGPT 精準搜尋資訊、自動過濾冗餘資料、篩選最適合的選項並快速呈現結果的「本領」，真的能抵禦住誘惑嗎？ChatGPT 幫助學生完成論文和作業，並生成能夠在一定程度上「逃脫」檢測系統的發言，降低了作弊的難度和成本，對學術誠信方面帶來巨大挑戰。

ChatGPT 自問世以來，讓人類重新審視教育的本質，深刻反思培養什麼樣的學生才不會被未來的資訊社會所淘汰，面對這些問題，需要教育工作者客觀、科學地定義真正有用的知識體系，以及真正對社會發展和人類文明進步有價值的文化內涵。人工智慧的成功不是體現在取代了人，也不是為了讓人工

智慧和人類智慧「打擂臺」，而是一種能讓人機共生、緊密協同、價值共創形式的成功。這些思考方向，為AI教育的未來走向帶來了深刻洞察。人工智慧的發展和普及，使得人們獲得知識的方式更加便捷。此時，對問題的意識、提出和解決，對知識的意義和價值的判斷，逐漸突出成為教育活動的關鍵。站在AI技術的肩膀上，將知識和資訊變得更具有創意，在未來顯得更為迫切。

ChatGPT的即時反應輸出能力，跨越了「學」的階段，直接給出結果。短期內，一些學生會透過工具偷懶，嘗到甜頭，但很快會受到負面的影響。過度依賴類ChatGPT等的人工智慧工具會使人失去自我視角、深度思考，以及明辨是非的能力。知識學習最重要的部分是理解的過程，而不是知識掌握的結果。

教育工作者要讓學生明白，利用AI輔助工具提高學習效率，和讓工具替自己思考、做決策，根本上是兩回事，也是截然不同的學習態度。用ChatGPT撰寫綜述的同學，將喪失獲得研究靈感的愉悅與思維訓練的機會。

認識到學生可能利用AIGC工具作弊或產生依賴性，不應先想到禁止，而是要換個思維方式，合理運用人工智慧去改變教師的教學手段、學生的訓練和考核模式。如果總是站在舊的框架下思考問題，那麼便無法促使教育活動的創新和教育新理念的推廣。

第五章
AI衝擊：變革、焦慮與反思

我們應該用理性、辯證的角度看待ChatGPT等AIGC技術在開闢新教育方式上的潛力（見圖5-4）。

圖5-4　人工智慧輔助教學應用場景

例如，AIGC技術可以自動生成各種語言和文化背景下的學習內容，這將使得跨文化教育更加便捷和普及化；利用AIGC技術可以自動生成各種形式的互動內容，如虛擬實境和擴增實境等，更加生動、豐富、有趣地呈現教育內容，提高學生的學習積極性和興趣；AIGC技術可以幫助教育工作者收集和分析學生的學習資料，從而更加深入地了解學生的學習情況和學習需求，為制定更好的教育策略和教學計劃提供科學支持；AIGC技術可以根據學生的學習風格和興趣，在對話互動過程中，為每個學生提供個性化的學習內容和指導，極大地激發每個學生的需求和潛

力，促進學習效果提升。

除此以外，AIGC的自動化服務能力可以讓學生在自己的節奏和時間內進行學習，不必受到學校和老師及時間和地點的限制，更契合實際加強學習的主動性；AIGC技術透過溝通中的人工強化回饋，可以更精確地評估學生的學習成果和能力水準，同時讓學校和教育機構部門更好地監測教育品質，有效改進教育政策；AIGC技術還可以讓不同學科之間的知識和技能在底層AI大模型上更好地交叉和融合，為學生提供更全面和綜合的知識，提高學習和教學效果，增強學生的綜合素養和創新能力……

● 「接招」AIGC對教育發起的挑戰

隨著AIGC技術的加速落地，科技大廠企業紛紛加快布局智慧化產業策略，AI領域相關職位需求密集爆發。在具體「熱招」的職位中，涉及自然語言處理、影像辨識、深度學習、電腦視覺、視覺搜尋引擎等技術細分領域，也包括非技術方向的AIGC產品經理等職位。面對AIGC產業發展的迫切需要，人才端略顯「供不應求」。

與ChatGPT緊密相關的三個技術領域分別是預訓練大模型、對話機器人和AIGC。預訓練大模型是ChatGPT產品的底層演算法核心，對話機器人是ChatGPT的產品形態，AIGC是ChatGPT的技術賽道。這三個領域的人才需求中，AIGC所需人才數量的增速最快，新發布職位同比成長了將近42.51%。其次是預訓練

大模型，職位同比成長20.37%，人才需求主要集中在互聯網、遊戲、電子通訊、半導體消費品等行業（見表5-1）。

表5-1　ChatGPT相關領域新發職位比較（2022年2月~2023年1月）

ChatGPT三大領域	新發職位佔比排序	行業	新發職位佔比
預訓練大模型	1	互聯網、遊戲	59.85%
	2	電子通訊、半導體	25.6%
	3	消費品	2.79%
對話機器人	1	互聯網、遊戲	64.17%
	2	電子通訊、半導體	9.36%
	3	汽車	7.55%
AIGC	1	互聯網、遊戲	35.97%
	2	汽車	26.69%
	3	電子通訊、半導體	10.47

資料、演算法、算力是人工智慧技術發展的「三駕馬車」。這一輪AIGC的高調崛起，最為核心的驅動力就是AI技術的底層邏輯演算法。而目前，市場上最缺的就是演算法方面的人才。開源演算法的便捷獲得，使得接入AIGC功能的技術門檻非常低，基於網路上下載的開源演算法所研發的AI應用不勝枚舉，但真正能在底層演算法進行創新的工程師數量卻非常稀少。

另外，ChatGPT的火爆讓AIGC成了社會、經濟、科技的熱點，在推動數位經濟發展的同時，也給社會治理帶來了資訊和倫理方面的挑戰。關於AIGC，「技術替代論」、「對內容生成領域的統治」、「未來再無創作瓶頸」等誇張觀點，嚴重放大了大眾

對AIGC引領的人工智慧產業的恐慌，人們開始爭辯AIGC帶來的著作權、隱私、法律道德、學術不端等社會倫理問題是否會威脅到人類的權威性。

伴隨人才的缺口和技術的威脅，這些問題都急待我們從教育學的角度出發，思考和探討如何構建當代社會的資料科學人才體系。無論是基礎教育還是高等教育，應關注於涵蓋學生多階段、多維度的AI素養培養需求，包括創新能力、邏輯思維能力、辯證能力、實踐動手能力等，以應對未來人工智慧發展帶來的技術更迭和倫理問題治理等難題。

人工智慧是經濟社會發展的重要內驅力。人工智慧產業的高品質發展，不僅需要依賴遵循自身發展態勢和發展規律，更重要的是構建技術交叉領域的人才培養模式。人工智慧技術是電腦、邏輯學、社會學、經濟學等多學科交叉融合的產物。交叉學科人才培養是人工智慧發展的重中之重。

人工智慧可與各行各業、不同場景進行深度融合，可謂數位經濟發展的重要原動力。儘管人工智慧的飛速發展可能會威脅到未來很多就業職位的需求，但培養「交叉融合」、「原始創新」、具有廣闊科學研究視野、可提出顛覆性科學問題的高品質人才，才是積極應對AI技術發展的方式。正如機器學習專家Santiago Pino所言，AI不會取代你，能夠取代你的是使用AI的人。我們關注AIGC對教育產業重塑的同時，也要讓教育工作積極「備戰」，未來AIGC對社會結構與產業格局將有深刻影響。

倫理思考：AIGC 的道德困境

人類社會加速邁入智慧化、數位化的同時，關於科技倫理的探討也接踵而至。應該認識到的是，當前 ChatGPT 只是一個回答問題的工具，是一個訓練有素的人工智慧模型，沒有情感意識和個性，不具有人類的思考能力和道德倫理價值觀。人工智慧技術的根本價值目標是造福於人，其與倫理道德之間的關係是相輔相成的。AIGC 作為新興的科技手段是懸在人類頭頂的一把「達摩克利斯之劍」，既是創造美好生活的重要手段，也是急待解決的倫理道德困境問題來源。

• AIGC 的內容傳播風險

隨著 AIGC 的不斷普及和行業應用，人們開始擔憂未來人類是否會生活在一個無法辨別真偽的世界裡。人工智慧生成的資訊並不總是準確的，AIGC 生成的內容越多、越真實，人們接受到的資訊的真假越難以判斷。

只要給出關鍵字和限制條件，ChatGPT 就可以生成一篇格式規範的新聞文章，實現新聞內容的全部自動化輸出，包括新聞標題、新聞內容，甚至使用者評論。2023 年 2 月 16 日，中國一條「杭州 2023 年 3 月 1 日將取消機動車尾號限行政策」的新聞，刷爆了網路。回顧此事件，是杭州某社區業主群在討論

ChatGPT時，一位業主嘗試用ChatGPT寫了一篇杭州取消限行的新聞稿，在業主群裡直播了AI寫作的全過程，並展示了最終文章。群裡部分業主不看上下文，隨手截圖轉發，導致失實資訊傳播。

除了容易產生誤會，AIGC技術也給惡意資訊的傳播帶來了更多機會。

其中，ChatGPT生成高品質文本內容的能力，讓不法分子有機可乘，惡意「訓練」人工智慧為其辦事。比如，讓人工智慧按照使用者要求的固定模式，透過書寫看上去合法的電子郵件進行網路詐騙，嚴重損害公民的人身財產安全；結合其他AIGC技術，ChatGPT甚至還可以生成非常像樣的政府招商檔案、政策檔案、政府公文進行資訊欺詐。一旦虛假資訊在政治、經濟等關鍵領域氾濫，所造成的社會影響將非常惡劣。2022年12月，問答網站Stack Overflow命令禁止使用ChatGPT生成問題的答案，理由是ChatGPT的回答在事實上模稜兩可，甚至還會編寫惡意軟體和網路釣魚電子郵件。

部署和接入成本低廉、操作方式簡單便捷，這些特質均「拉低」了人們對AIGC的使用門檻。對於AIGC，給定的生成條件越具體，輸出的內容越真實。一旦使用者非常了解作惡規則，就很容易達到不良目的。雖然人工智慧技術領域近年加速發展和成熟，但人工智慧倫理治理還是新命題。

目前還少有比較好的解決這一問題的方法。從演算法角度來

說，可以做隱性標記，區分出哪些圖片是生成的，哪些是真實的，幫助數位化應用更好地主動篩選具有誤導性的資訊，防止負面資訊快速傳播。

在實際使用中，ChatGPT在特定情景或被惡意調教中缺乏堅定的道德立場，而有時，其又樂於給出道德建議和倫理價值判斷，但它的回答不一定是有道德的、正確的。事實上，針對特定道德倫理問題，ChatGPT還曾一度給出相反建議，從而影響使用者的道德判斷。因此，使用ChatGPT可能會「增加倫理風險，而非改善道德判斷」。未來，在使用AIGC時，需要更加關注可能導致的負面資訊和觀點的傳播以及次生危害，引導AIGC技術的正面應用，並採取相應的法律、行業規則加以嚴格監督與制約。

ChatGPT會在一定程度上揣測人類的意圖來理解上下文語境，但錯誤的資訊仍然不可避免，得到似是而非的結果並不新奇，很多答案或結論經不起推敲。

當嘗試給ChatGPT「詩人李白」、「五言」、「詩歌」等指令創作一首詩歌時，ChatGPT在短暫「思考」後會給出答案：「明月如霜冷，星光如燭照。」可以看出，ChatGPT畢竟不是富有想像力的真詩人，只是在龐大的語料庫基礎上透過深度學習實現了風格化的模仿效果。這句詩明顯模仿詩人蘇軾《永遇樂·明月如霜》中的詩句，從學術倫理方面看，多多少少會體現出一些「山寨」的味道。人工智慧研究專家田濤源做

了個測驗，讓ChatGPT解釋小說《三體》裡的「黑暗森林」，並命令其找出能夠替代「黑暗森林」的新宇宙文明競爭法則。ChatGPT給出的解釋遵守了文明之間互不通訊的「黑暗森林」生存前提，但編造了諸如「暗流法則」、「虛幻法則」、「漂泊法則」等理論來搪塞。ChatGPT是在以往人類的存量知識中舞蹈，在遵從文法規則的前提下，從詞語的搭配以及機率統計上找尋最大可能出現的詞語組合，給出的很多結果存在質疑，不一定真實、正確、可靠。

如果AIGC不能真正地解決人們的問題，那麼基於AIGC生成的資料內容一旦氾濫，形成了規模化，這些機器合成製造的低品質資料將會給數位世界、數位化業務，以及日常生活帶來更多的混亂、干擾和誤導。

• AIGC的著作權責任問題

AI繪畫作品的一個很大爭議點在於著作權。例如，DALL-E和Stable Diffusion等圖形生成的AIGC工具就被質疑在互聯網上隨意抓取資料，且完全沒有考慮任何許可或內容所有權方面的限制。此外，眾多自媒體博主也開始使用AI繪畫的作品用於文章創作。由於AI生成影像的著作權歸屬爭議，Shutterstock和Getty Images等公司已禁止在其平臺上使用AI生成影像素材。

在以ChatGPT為代表的AIGC技術的邏輯關聯度不斷提高，以及越發接近於人類的常識、認知、需求和價值觀的背景下，其

生成作品的廣泛傳播和應用都存在潛在著作權風險，有必要加以相應的風險辨識和治理。人工智慧主要是透過探勘人類文本、資料、資訊等資料做進一步的統計分析，對於受著作權保護的文本、影片、代碼等，如果沒有經過權利主體的授權，ChatGPT直接將這些內容納入到自己的語料庫中，並在此基礎上修改、拼湊，極可能侵害到他人的合法權益。談到著作權問題，微軟「小冰」很早就提出了「人工智慧宣布放棄著作權」的獨特觀點。ChatGPT的成功依託巨量資料庫資訊，將大量互聯網使用者自行輸入的資訊納入到語料庫中進行模型的訓練和優化，這種機制也將產生隱私泄露的風險。雖然ChatGPT承諾刪除所有個人身分資訊，但未說明具體的刪除方式，在其不能對資訊與資料來源進行事實核查的情況下，這類資訊的採集和應用，還是會成為不可控的隱患。

另外，ChatGPT對龐大的資料的使用依賴會涉及資料安全、智慧財產權、違法資料的儲存和使用等問題，演算法模型在提供服務時，也同時存在認知偏見、道德、倫理、價值導向等核心問題，所以必須設立「安全門」來控制相關AI技術的應用風險。關於ChatGPT的作者署名權之爭是學術領域關注的焦點問題之一。在ChatGPT發布的早期，關於署名權支持的聲音較多，持支持觀點的學者普遍認為，ChatGPT已具備相當高超的寫作能力，出於對作品品質的價值考量，必要時應將其列入作者署名。而持反對意見的學者則認為，作者要為其作品負法律責任，從主體意義的

層面看，ChatGPT無法為自己的行為負責，因此不具有作者署名權的條件。

一些學者認為，權利和義務是相伴相生的，所以何談著作權問題？

ChatGPT是人類構造看似智慧的資訊處理工具，但人仍然是責任主體。同時，人工智慧生成技術也需要關注使用者知情同意的問題，不能混淆它和人之間的邊界，AIGC等智慧產品的應用所帶來的後果，很多時候是其自身沒有辦法承擔的。

目前，鑒於AIGC生成內容是否等同於著作權法上定義的作品並加以保護，仍處於探討之中，未有定論。有必要透過外部檢測技術或者完善的演算法模型標註機制，對AIGC內容進行打標，和自然人創作的內容加以區分，防止後續可能涉及的著作權法律風險及應對處理。2023年2月1日，OpenAI宣布推出名為「AI Text Classifier」的文本檢測器，用來輔助辨別文本到底是人類撰寫還是AI生成。雖然目前這項技術的準確度仍有待提升，但可以透過機器學習的手段不斷優化，這也代表著一種關於「技術自治」的數位產業發展方向。

- AIGC的學術倫理困境

自ChatGPT發布以來，關注者對其引發的相關倫理問題的評論和看法紛呈。在人工智慧從業者的領域內，諸多觀點不可避免地集中在對技術現狀、產業應用發展前景，以及對人類未

來就業的影響，但學術倫理方面的問題尚未得到足夠深入的重視。超能力學習機器人ChatGPT的出現使人工智慧技術發展所引發的學術倫理問題不斷激化，人們改善學術領域工作現狀的使命感日益凸顯。

當問到ChatGPT，「ChatGPT對學術倫理的影響」時，它回答「最近出現的大型語言模型（如ChatGPT）極大地影響了包括教育在內的許多領域。雖然這項技術在增強人類智慧方面顯示出巨大潛力，但也引發了對學術倫理的擔憂。」人工智慧正在「接管」學術界，ChatGPT模型可以快速複製已有學術文獻，雖然其複製的文獻沒有出處，也沒有正確性的考證來源，但會高效地不斷產生其認為的客觀答案，拼湊生成出「虛假」（有待考證）的學術文本。在學術工作中，使用AIGC時需持謹慎克制的態度。

2022年12月27日，美國西北大學Catherine Gao等人在預印本bioRxiv上發表了一篇用ChatGPT生成論文摘要的研究，研究的主要目的是測驗科學家是否能發現自動合成的摘要文本資訊。研究團隊要求ChatGPT根據發表在頂級醫學期刊上的精選論文來撰寫研究摘要。之後研究團隊透過論文剽竊檢測器和人工智慧輸出檢測器，分別對ChatGPT輸出的摘要與原始摘要進行抄襲檢測，其結果令人驚訝。ChatGPT透過演算法自動編寫的內容順利通過了論文剽竊檢查，未檢測到抄襲痕跡，摘要的原創性得分竟為100%。這意味著ChatGPT在編造研究論

文摘要方面，已經達到了人類專家都難辨真假的程度（見圖5-5）。

圖5-5　使用「GPT-4」自動生成論文摘要

ChatGPT可以為學生提供豐富的資訊，拓寬其知識面，加強對各類主題的理解。但這種便利也引發一系列倫理挑戰。因此，學生可能會使用該模型製作本不屬於其自身的作品，導致抄襲、剽竊等行為頻繁出現，影響教育和學術生態。使用ChatGPT生成論文或報告的學生可能無法完全理解其寫作的材料，持久地影響自身的創新能力，導致批判性思維逐漸匱乏，

最終無法將所學知識靈活運用到現實世界中。

　　ChatGPT的使用還引發有關學術評價公平性的倫理問題。假如學生使用ChatGPT來生成學術作品，這不是在評估學生的能力和知識，而是在評估語言模型的能力，影響了平等競爭環境的構建。對AI技術資源獲取能力的不均衡，將導致部分學生相較其他學生擁有不公平性的優勢。

　　一旦把ChatGPT當成「嘴替」或「文替」，資料的濫用或對知識的不完整採用，將為錯誤資訊的傳播埋下風險和隱患。學生和科學研究人員在使用ChatGPT的過程中要遵循學術倫理，以確保學術的真實性和公正性，也要主動為所輸出科學研究成果對社會的影響承擔責任。

　　未來，對人工智慧技術使用的監管，需要深入到人工智慧系統的整個生命週期，關注到其中每個具體的產業環節，包括語料庫的篩選標準制定、參與人工標註的人員培訓、系統開發者的價值觀考察等。

　　除此以外，還要增強全社會人工智慧的倫理意識和行為自覺，配合資料和AI技術相關法律法規政策，積極引導負責任的人工智慧研發與應用活動，促進人工智慧產業的健康發展。當前ChatGPT以及相關AIGC技術對人類社會還沒有形成真正的威脅，但人們要在新事物發展之初就以嚴謹、客觀、理性的心態，科學系統地布局規劃，良性賦能數位經濟的長遠革命演化。

第六章

征途未來：

AI經濟與AIGC的新篇章

第六章
征途未來：AI經濟與AIGC的新篇章

以ChatGPT為代表的AIGC技術，具有非常廣闊的產業應用前景不僅加速了很多技術產業的發展進程，同時也改變了人們在知識類工作方面的基本生產方式。從技術方面，AIGC所依賴的大模型技術，仍然處在早期的發展階段，在效率和效能上仍有不少突破方向，未來仍有巨大的想像空間。AIGC將引領數位經濟的體系化變革，在數位化轉型、數位化創新方面發揮巨大產能優勢，給商業形態的重塑帶來重要的啟發。

邁向AI新境界

當前AIGC技術發展非常迅速，其強大的內容生成能力推動AI產業發展上升到了一個全新的高度。AI技術對傳統行業的影響更加深遠，未來將會衍生出更多高級的技術應用形式，進一步促進智慧產業的繁榮。

• AIGC的技術價值前景

AIGC的技術潛力是巨大的，數位內容生成的效率和品質不斷提高，將極大地促進數位世界的建設步伐。在充沛的算力和智慧的演算法雙重驅動下，數位世界的創建效率將遠遠大於物理世界。在數位世界中，可以構建更加緊密和豐富的實體連繫，極大地提升資訊互動的效率，推動社交、娛樂、生產，以

及貿易等各類社會活動。

AIGC對Web3.0的意義已毋庸置疑。在AI生成演算法的加持下，內容創作的門檻極大降低，效率更高，數位內容的生產只依賴於人們具有靈性的想法，人們不必考慮內容生成的細節。知識和概念才是內容創作的內核，只要人們能想到的點子，機器就能將其活靈活現地實現。AIGC極大地推進了新一代互聯網的發展速度，鼓勵個體對互聯網環境的知識貢獻。AI技術優質的內容生產力，也進一步強化了Web3.0模式中內容創作的經濟價值屬性。

沿著Web3.0進一步展望，AIGC將賦能元宇宙時代更早全面落地。在元宇宙的技術概念暢享下，將打造一個全虛擬、全仿真的平行世界。結合大量對現實世界的觀察和學習，AIGC技術已經可以生成真實性很強的數位內容，自動構建出與現實世界相比更逼真的場景化特效。AIGC技術不僅可以動態生成滿足業務應用的三維數位場景，還可以保證虛擬世界中的NPC角色具有更自然流暢的互動能力，以及更靈活的反應行為能力。

AIGC對數位世界建設的意義，不僅體現在豐富的數位產品本身，還在於搭建出了一個高效能的數位平行系統，推動了業務的深度數位化。在數位系統中，依賴於電腦高效能的仿真計算能力，可以更快地對物理世界中的場景進行實驗、驗證，以及預測，更高效地進行不同產業問題的複雜決策。

這其實就是「數位孿生」的技術構想，為物理世界構建一個等價的數位模型，這個數位模型不僅包括被分析的業務物件實

體，還包括與該實體進行互動的外部環境。透過AIGC，能夠以更低的成本構建出高仿真的活動環境，保證數位世界中的模擬計算結果與現實物理世界的實際運行結果更加接近。以此為思路，未來在無人駕駛、裝備製造、工業設計、調度決策、城市管理等諸多細分領域，AIGC都將會創造出重要的產業價值。

AIGC極大地解放了人們的生產力，這將極大地改變傳統行業的生產要素結構。在越來越多的行業中，基礎的資訊處理職能都會逐漸被AIGC技術替代，以此來降低企業在人力方面的成本。

在產業活動中，人的獨特價值將體現在知識創造層面，而不是資訊加工層面。例如，在數位內容編輯、數位內容生成等領域，AIGC技術代替了大量的傳統人工編輯操作，更多地引入自動化、智慧化的工具提高產能；在智慧客服場景，AIGC進一步降低了人工介入的比例，覆蓋到更多樣化的問題需求。

未來的產業模式中，需要人和機器之間彼此系統、密切配合。比較理想的狀態是，常態化、淺層的資訊處理任務都由AI演算法來執行，人來負責非結構化程度較高、場景小眾特殊，以及創新和設計成分比重較大的複雜任務。以工業機器人為代表的傳統的AI解放了人的體力勞動，面向多模態資料合成的AIGC技術則解放人的腦力勞動。讓人可以把精力集中於更具產業價值的知識類工作中。

除了以上方面，AIGC的另一個技術價值前景，在於從總體上提升了數位化創新效率。首先，AIGC依賴的大模型技術底座，

作為一個公共知識庫，可以為前端的AI應用進行快速的知識賦能，更多的數位化創新可以站在巨人的肩膀上，獲得技術能力的飛躍式提升。更多的AI演算法模型將具備「通用知識」融合「領域知識」的綜合架構，對大模型進行二次開發構建數位化產品的模式將成為主流的研發手段。

另外，當前很多AIGC大模型都具有跨模態的功能特性，能夠實現不同格式、不同類型資料之間的語義映射。跨模態的演算法模型具有更強的資訊表示能力，可以對異構的資料源進行深度融合，將其在同一語義空間中進行統一映射和分析處理。在這一點上，AI技術將更加接近於人對外部資訊的感官能力——無論是聲音、影像，還是文字，對於人們來說本質上並沒有區別，都是承載著內容的資訊形態。

以DALL-E2為代表的跨模態大模型是未來AI技術的重要發展方向。首先，跨模態特性意味著更加靈活的人機互動方式，代表性的技術應用包括能夠同時處理文本和影像資料的多模態檢索、跨模態檢索等高級資訊服務。其次，跨模態更重要的意義在於進一步激發了資料驅動的知識發現潛力。跨模態技術將不同類型的資料疊加在一起，允許在更大數據範圍和資料規模下進行資訊的綜合加工處理，從而提供了更多數位化產業創新機會，同時也加速了不同領域業務的系統融合。

第六章
征途未來：AI經濟與AIGC的新篇章

• AI大模型的技術發展方向

　　大模型是AIGC技術的技術內核，複雜的模型結構，巨大的參數規模，支持了AIGC生成內容的多樣性和靈活性。當前的AI大模型儘管在功能上已經非常成熟，但仍有很大的改善空間，未來具有非常豐富的前瞻探索機會。下面將展望一些AI大模型未來的重要技術發展方向。

　　首先，AI大模型的基礎演算法架構的優化和創新設計是一個非常重要的研究方向。

　　當前演算法模型的效能提升，主要技術手段在於增加模型的參數規模，提升資料資源和算力的綜合投入，然而這種技術路線已經開始呈現出邊際收益遞減的趨勢。更多的參數不一定對應著更強的智慧。單純的規模化策略，很容易讓AI技術的研究觸及成長的極限，並且很難構建出具有更高抽象能力的AI思維活動。

　　新的演算法模型架構，在兼具當前大模型的能力基礎之上，底層不一定沿用傳統的人工神經網路範式。例如，當前不少研究集中於與神經科學交叉的類腦計算領域。神經科學側重於重構大腦內部的精細結構和生理細節，具有低能耗、可塑性強的特點；傳統人工智慧技術側重於對神經結構的數學抽象，具有高效的計算效能，但是其綜合能耗較高，同時對外部資料的依賴性較大。

　　因此，如果將神經科學與人工智慧進行系統結合，就可以構建出兼具生物合理性和計算高效性的全新計算範式。當前比

較有代表性的一種前瞻技術是ANN+Neural Dynamics的脈衝神經元模型。

其次，AI大模型需要在應用效率方面進一步地提升。

AI大模型由於參數體量龐大，因此在產業應用階段，會產生非常大的計算能耗。在模型的訓練階段，訓練一個大模型的時間成本是不可忽視的。

為了提高模型的訓練效率，需要在算力和演算法方面同時提高效能。在算力方面，一方面需要引入更加適合深度學習演算法任務的高效能AI計算晶圓，另一方面需要設計實現更高效的分佈式計算架構，提高資料模型訓練的「並行化」水準；在演算法方面，需要關注預訓練大模型在下游場景應用中進行業務適配的參數更新效率，研究如何透過更少量的參數調整，讓預訓練模型與實際預測任務進行快速兼容，降低模型二次開發的成本和能耗。

在模型的預測推理階段，計算任務的複雜性依然不可忽視。前端使用者的互動對於時效性的要求很高，同時資料服務的大規模訪問量對後臺伺服器造成的任務負擔也非常繁重。因此，大模型在實際部署應用時，亟須進行「瘦身」手術。如何在不影響最終輸出內容品質的條件下，讓模型變得更加「輕量」，是十分重要的一個技術需求。當前比較常見的技術手段包括對模型進行剪枝，或採用知識蒸餾技術對模型進行壓縮。

從資源能耗的角度看，未來人們將越來越關注AI模型在規模化方面的「CP值」。模型是否「越大越好」將是一個值得深入

反思的問題。在某些特定任務中，傳統小型AI模型與基於大模型微調的預訓練模型相比也可能表現更佳。當前業界已經提出了Green AI的概念，提倡把模型開發和應用產生的能耗考慮進模型的整體評價體系中。

儘管用於模型能耗衡量的變數有碳排放、用電量、消耗時間、模型參數數量等諸多參考指標，但相對更為客觀的一項指標是FPO（浮點運算）。FPO能夠準確猜想模型訓練以及推理過程中執行的有效計算工作量。透過定義「加」和「乘」兩個基本操作，可以統計出任何抽象演算法操作的實際成本，包括矩陣乘法、卷積操作等。FPO是與能量消耗直接相關的重要底層演算法參數。基於FPO的模型能耗評估方法，可以在同等或近似的效能標準上，比較不同模型之間的優劣，引導AI模型設計向著更加綠色、輕巧的方向發展。

面向AIGC方面的需求，大模型需要進一步提高內容生成的可控性。前文中在對ChatGPT進行介紹時，已經提到了模型生成內容不可控的問題，比如經常會生成具有危害的資訊回饋。預訓練大模型由於底層結構過於複雜，因此在可控性方面的效能問題就會比較突出。模型輸出效果的偏差很難透過簡單的外部干預來調整，這也是常規複雜系統都會面臨的問題。人們在面對複雜系統的規模優勢的時候，也需要時刻警惕被這種龐然大物帶來的不確定性反噬。

複雜的模型結構同樣給想要渾水摸魚的人開了漏洞。比如，

如果有惡意程式對大模型的底層代碼邏輯進行了篡改，就很容易導致系統功能的瞬間崩潰，並且導致這種混亂的原因非常隱蔽，不易被發現。關鍵的參數位置變化，經過神經網路深層結構的逐步放大，很容易引起「蝴蝶效應」，產生超出預期的負面影響。因此，預訓練大模型不僅需要在結構上更加穩定，同時需要建立有效的驗證機制，來保障模型參數的準確性和風險可控性。

除此以外，如何將人的知識經驗以及對輸出內容的剛性約束添加到大模型中，也是值得深入探索的問題。預訓練大模型是基於連接主義的 AI 技術形態，領域知識必須透過數值計算的方式才能對模型的輸出結果發揮作用。顯性的、符號形式的知識需要融合到預訓練大模型中，對模型的內容理解和內容生成提供有效的約束和控制，更加直接地引導模型對外部資訊的回饋。

當今，知識圖譜和預訓練大模型，分別作為符號主義和連接主義的兩大傑出技術成果，均以驚人的速度迅猛發展，二者的有效融合、協同優化，將是具有前景的人工智慧應用創新方向。

另外一個創新方向，是關於 AI 大模型在能力邊界上的進一步拓展和延伸。現在業界主流的 AI 大模型所處理的資料類型相對還比較集中，主要是處理文本和影像類資料，對其他模態的資料兼顧較少。現在，ChatGPT 已經可以根據人工指令自動生成代碼片段，未來或許可以針對更多類型的編程語言提供強大的代碼生成能力，進一步幫助工程師來降低軟體系統的開發成本。

在內容創作形式上，大模型的生成能力也需要進一步豐富完

善，對3D模型的自動創作將是未來熱門的突破領域。3D模型的生成在技術難度上遠遠高於傳統2D影像的生成，但是其應用潛力更加巨大。3D模型的快速生成能力，不僅有效推動VR、AR、元宇宙等基於三維沉浸式場景的概念落地實現，還有利於加速數位孿生對產業研發的重大影響。

例如，透過AIGC大模型的3D模型生成技術，可以自動模擬蛋白質的三維結構，模型或許可以像DALL-E2透過文字繪圖一樣，根據外部指令自動完成蛋白質結構的設計，這將極大地提高生物醫藥的研發水準。大自然花了上億年形成蛋白質進化規律，這一切都在演算法裡了，儘管人類不能完全理解這些規律，卻可以發明出強大的工具，然後命令它「生產一個可以與 X 結合的分子」。

除了支援更多資料類型的生成，大模型能力的提升還將體現在不斷類人的認知水準的升級。ChatGPT的別出一格其實就是在於它實在太像人了，隨著模型背後的資料規模成長到一定程度，新的能力不斷湧現，聊天機器人將會變得越來越像「聊天的人」。

AI演算法從感知能力，到不斷獲得簡單分析的認知能力，到獲得分析複雜問題的高級認知能力，最後再到不斷進化獲得自我意識、感情、想像力、價值觀這些人類獨有的抽象思維活動，這些更高級的「智慧」是否都可以透過資料規模的成長來獲得，以及是否需要引入新的演算法機制，這些都是非常有價值的研究方向。

中國國產化大模型：實踐與挑戰

ChatGPT無所不能的表現背後，是預訓練大模型GPT-3.5底層強悍的技術架構能力。如果想要獲得國產化的ChatGPT，就需要在預訓練大模型方向上迎頭趕上，加大相關基礎領域的研發投入，持續進行產業深耕和理論創新。

- 與國外大模型的主要差距

當前，中國國產大模型與國際上頂尖的AI大模型的差距，在演算法、算力以及資料三個方面均有一定的體現：

在演算法上，大模型的基礎演算法架構還比較缺乏具有突破性的創新成果

大多數中國國產大模型的能力提升主要還是依靠模型本身參數的規模成長來驅動，透過不斷做大模型的體量，來獲得更加可觀的應用效果。但光是大並不意味著好，來自演算法模式的底層創新才是持久成長的真正祕訣。未來亟須創造出類似於Transformers、Diffusion這種具產業引領意義的優秀演算法架構。

在算力上，晶圓技術的發展限制了大模型的研發能力

高效能的晶圓意味著更快的訓練效率以及更低的能耗水準。對於大模型的研發，模型訓練的時間週期是不可忽視的關鍵變數。如果能夠有效縮短模型的訓練時間，將極大地提升大模型的產業創新力。

在人工智慧領域，以NVIDIA為代表的技術廠商針對大模型訓練任務發布了很多極具代表性的前沿計算硬體設備。當前，在中國企業也已經積極開始布局晶圓產業，力圖盡快縮短相關領域的差距。其中，代表性的優質AI晶圓包括百度的崑崙芯2、華為的升騰910、阿里的平頭哥含光800，以及寒武紀的思元370等。

在資料上，與海外的相關差距主要表現為資料的規範性和開放性不足

在ChatGPT的優秀成績中，巨大的訓練資料功不可沒。對標ChatGPT構建中國國產化的語言大模型，也需要依賴於海量優質的資料資源。中國的資料資源天然豐富，但是相關的資料要素潛力還沒有被充分啟動。

中國電子資料資源建設方面相對薄弱，資料品質和資料標準都有待提高。資料的規範性管理是大多數企業和機構未來需要面對的重點問題。在資料開放性方面，同樣和海外存在一定的差距，資料開放性不足將難以保證模型得到充分的訓練指導。未來需要繼續推進資料的開放共享，努力推動更多有價值的公共資料資源建設，打通資料孤島，推動全行業、全社會的資料互聯互通。

- **盤點優秀的中國國產大模型**

當今在大模型的研究領域，中國國內的行業大廠已經開始全面發力，逐步突破相關的技術難點，並構建了不少優秀的AI大模型科技成果。這些科技成果在諸多行業中都得到了有效的能力驗

證，並引領著各行業邁向更高的 AI 應用水準。

百度：「文心」大模型

「文心」（ERNIE）是百度公司發布的產業級綜合的知識增強型大模型，是大模型技術和中國國產深度學習框架融合發展的優秀技術成果產出。「文心」大模型是非常具有行業代表性的自主創新 AI 技術底座，極大地降低了產業端 AI 技術研發門檻，有效地發揮了巨量資料資源要素的產業價值，為產業端不同任務場景的個性化 AI 應用需求提供了重要賦能。「文心」大模型具有知識增強和產業級兩大技術特色（見圖 6-1）。

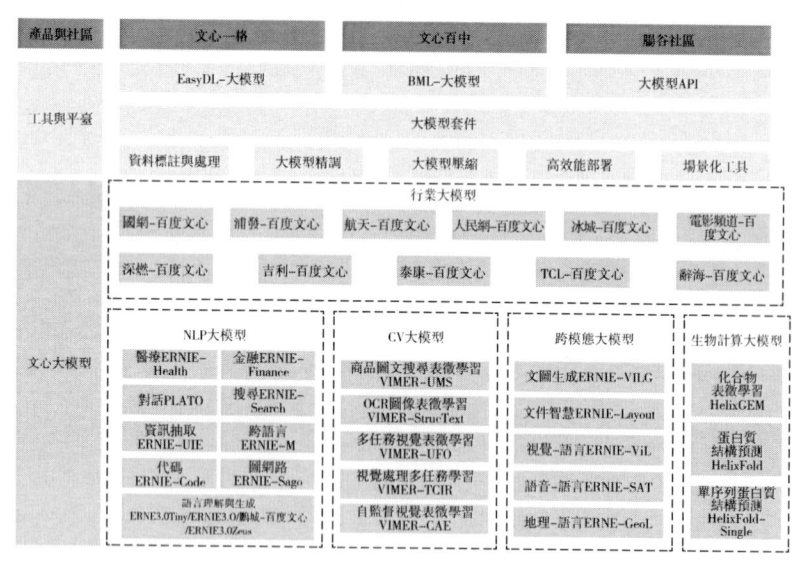

圖 6-1　百度「文心」產業級知識增強大模型

所謂知識增強，就是利用知識來引導預訓練大模型的參數

第六章
征途未來：AI經濟與AIGC的新篇章

學習任務。和一般的資料相比，知識的資訊價值密度更高，在模型的訓練過程中，引入已知的公共知識和行業知識，將資料與知識融合，可以很有效地提高模型的訓練效率以及模型的訓練結果。在「文心」ERNIE 3.0自然語言大模型中，百度首次在百億和千億級的預訓練大模型中引入了大規模的知識圖譜資料，充分發揮了百度在知識計算領域的前沿AI能力累積優勢。

產業級，是指大模型的落地深度回應產業端的實際業務需求，源於產業實踐，服務於產業實踐。百度聯合不同產業主體，針對不同產業應用的資料和知識進行學習，一共構造11個行業大模型，涵蓋電力、燃氣、金融、航天、傳媒、城市、影視、製造、社科等不同細分領域。例如，在電力領域，百度和中國國家電網聯合研發了國網－百度・文心大模型；在燃氣領域，百度聯合深圳燃氣發布了深燃－百度・文心大模型；在金融領域，百度和浦發銀行、泰康保險聯合研發了浦發－百度・文心和泰康－百度・文心。

「文心」大模型涉及多種類型資料的理解和生成任務，其大模型體系包含NLP大模型、CV大模型、跨模態大模型，以及生物計算大模型等多個能力板塊。「文心」大模型的初衷在於不斷降低產業端使用預訓練大模型的技術門檻，讓更多企業可以擁抱最前沿的AI技術能力。當前，「文心」已支援數百家企業與機構的實際業務，並產生了具有實效性的落地應用。

「文心」的強勢能力輸出，底層依賴於百度自有的深度學習

技術平臺PaddlePaddle（飛槳）。為了應對深度學習大模型在訓練和推理方面的挑戰，PaddlePaddle發布了端到端的大模型開發套件PaddleFleetX。

對於大模型的訓練，PaddleFleetX提供了在異構硬體上的模型自適應並行訓練能力，並有效提升了模型訓練的速度和可靠性；對於大模型的推理，PaddleFleetX提供了分佈式的自適應推理解決方案，同時兼顧了超大規模資料模型的服務化部署以及端側的輕量化部署。

當前，以「文心」為演算法技術內核的虛擬AI助手度曉曉，在中國高考作文寫作中勇奪高分，其繪畫作品躋身亮相於西安美術學院畢業展，並聯合龔俊數位人推出了中國國內首個虛擬偶像AIGC創作歌曲。2023年，百度官宣了基於「文心」大模型的「文心一言」專案，英文名為ERNIE Bot，該專案是一款AI生成式對話技術產品，該專案被外界譽為「中國版ChatGPT」，將更加符合中國人的文化需求與思維習慣。

騰訊：混元大模型

2022年4月，騰訊公司首次對外披露了超大參數規模的AI大模型混元（HunYuan）。HunYuan的技術體系完整覆蓋了NLP大模型、CV大模型、多模態大模型，以及面向不同行業的應用大模型。其中，HunYuan-NLP是兆級別的中文NLP大模型，其模型的參數規模達1T。HunYuan曾在CLUE（中文語言理解評測集合）的三個任務榜單上同時登頂，一舉打破了三項紀錄，

並實現了跨模態領域的大滿貫（見圖6-2）。

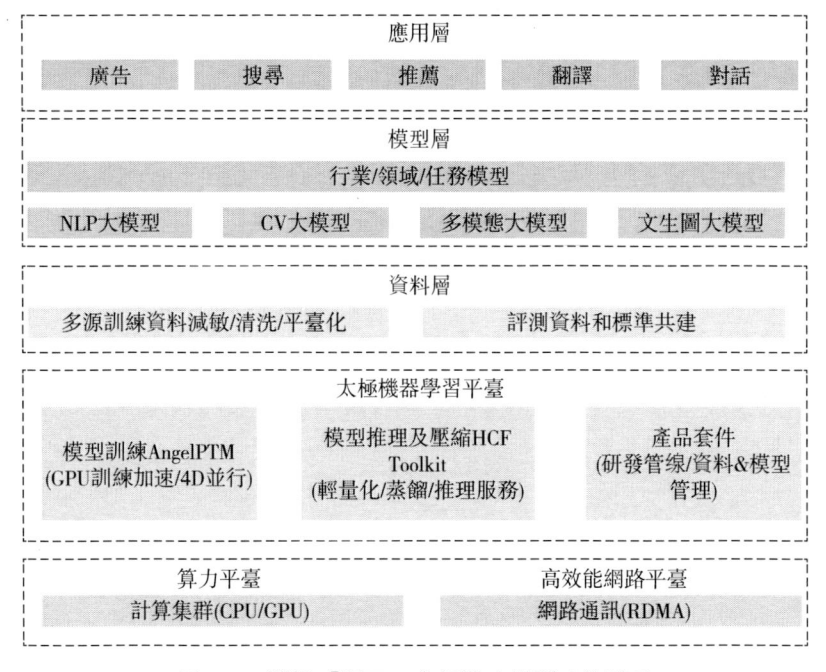

```
┌─────────────────────────────────────────────────────────┐
│                         應用層                           │
│   廣告      搜尋      推薦       翻譯        對話         │
└─────────────────────────────────────────────────────────┘
┌─────────────────────────────────────────────────────────┐
│                         模型層                           │
│                   行業/領域/任務模型                      │
│  NLP大模型    CV大模型    多模態大模型    文生圖大模型     │
└─────────────────────────────────────────────────────────┘
┌─────────────────────────────────────────────────────────┐
│                         資料層                           │
│  多源訓練資料減敏/清洗/平臺化      評測資料和標準共建     │
└─────────────────────────────────────────────────────────┘
┌─────────────────────────────────────────────────────────┐
│                      太極機器學習平臺                     │
│  模型訓練AngelPTM    模型推理及壓縮HCF    產品套件        │
│  (GPU訓練加速/4D並行) Toolkit            (研發管線/資料&模型│
│                     (輕量化/蒸餾/推理服務) 管理)          │
└─────────────────────────────────────────────────────────┘
┌─────────────────────────────────────────────────────────┐
│        算力平臺              高效能網路平臺              │
│     計算集群(CPU/GPU)         網路通訊(RDMA)             │
└─────────────────────────────────────────────────────────┘
```

圖6-2　騰訊「混元」全行業大模型功能體系

HunYuan的優秀表現和騰訊在AI技術領域的長期投入是分不開的。實際上，騰訊很早就開始布局對話式智慧產品方向的專案技術研發工作，並在AI大模型、機器學習、自然語言處理等領域具有非常豐厚的能力儲備。基於HunYuan大模型的研發成果構建的「騰訊智慧助手」工具，底層依賴於效能穩定的強化學習演算法訓練，當前已經成為了業界的前瞻技術標桿。

HunYuan的技術底座是騰訊自主研發的太極一站式機器學習生態服務平臺，該平臺為大模型的成功研發和高效能服務提供優

質的技術基礎保障。太極平臺覆蓋了資料預處理、模型訓練、模型評估、模型服務等全流程的高效開發工具，包含以下關鍵的技術組件：

太極AngelPTM：一款預模型訓練的加速組件，單機最大可容納55B模型，因此只需要192張卡就可以訓練兆級別的大模型。

太極-HCF ToolKit：大模型壓縮和分佈式推理組件，包含了從模型蒸餾、壓縮量化到模型加速的完整能力。除此以外，在該組件允許在不對大模型進行蒸餾的情況下，基於低成本的分佈式服務直接在原始的大模型上進行推理分析，充分發揮了大模型在資料理解和生成方面獨特的優勢。

太極-HCF distributed：大模型分佈式推理組件，基於該組件，HunYuan-NLP大模型推理只需96張A100（4G）卡即可完成。

太極-SNIP：大模型壓縮組件，在蒸餾框架和壓縮加速演算法兩方面實現了更高效、成本更低的大模型壓縮效果。

關於HunYuan在AIGC技術方面的應用，主要體現在對騰訊廣告業務的支援。HunYuan的內容自動生成能力促進了極具創意的文案生成，顯著提升了廣告製作產業的綜合任務效率。其中，HunYuan大模型可以透過「圖生影片」功能，將靜態的圖片自動生成不同樣式的影片廣告；透過「文案助手」功能，能夠為廣告自動生成相對應的精準標題，提升廣告的宣傳效果；透過「文生影片」功能，也可以將簡單的一句廣告文案，透過聯想的方式動態生成與之匹配的影片廣告作品。

華為：盤古大模型

華為團隊於2020年開始立項進行AI大模型的研究，2021年4月，華為推出了著名的「盤古大模型」。盤古大模型、升騰（Ascend）晶圓、升思（MindSpore）語言、ModelArts平臺，共同構成了華為全棧式人工智慧解決方案。當前，盤古大模型已經發展出了基礎大模型（L0）、行業大模型（L1），以及行業細分場景模型（L2）三大類別技術體系（見圖6-3）。

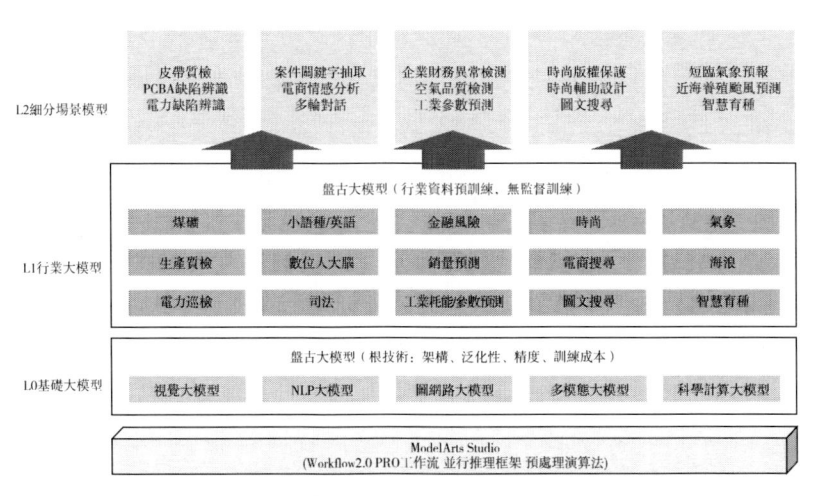

圖6-3 華為「盤古」大模型核心技術功能架構

ModelArts是華為盤古大模型的底層技術底座支援，具備強大的機器學習和深度學習高效能計算引擎，提供互動式智慧標註、分佈式模型訓練、全流程AI模型管理等核心技術應用研發能力。

盤古大模型主要包括以下幾個主要的「子模型」：

文本大模型。具備強大的文本內容理解能力和生成能力，可

以從複雜的原始文本資料中提取關鍵資訊要素，準確進行綜合語義分析。2021年，華為在開發者大會上發布了與循環智慧、鵬城實驗室聯合開發的中文語言預訓練大模型，該模型基於40TB資料訓練而成，包含千億參數規模。

視覺大模型。是華為在CV方面多年深耕累積的技術成果結晶，可以準確地對各行業的影像資料進行辨識或異常檢測。華為在CV領域的大模型融合了卷積神經網路和Transformer技術架構，具有高達30億參數規模，該模型特點是基於等級化語義聚集的對比度自監督學習，有效減少了樣本選取過程中的雜訊影響。

在具體應用效果方面，視覺大模型在ImageNet 1%、10%資料集上的小樣本分類精度目前均達到了業界的最高水準，在ImageNet的線性分類評估方面也首次達到了與全監督的演算法模型等價的效果。華為視覺大模型在工業質檢、醫學影像辨識、網路資訊審查、零售商超商品管理等諸多行業領域都取得了不錯的應用效果。

多模態大模型。集中的能力體現是基於對特定類型資料的資訊理解進行定向的AIGC內容生成。該模型採用了雙塔架構，透過不同的神經網路來對不同模態的資料進行資訊抽取，在各模態的資訊分別抽取完成後，將其在模型的最後一層進行資訊融合。華為多模態大模型使用LOUPE演算法進行模型的預訓練，其可用於「以文生圖」，或「以圖生文」等各行業的跨模態內容自動生成任務中。

在大模型方面，華為最大的「成績」並不一定是模型產出本

身，而是一種集「產、學、研」三者於一體的技術成果共創模式。為了更高效率地落實AI大模型的全面產業化策略，華為以「聯合體」的模式把科學研究院所、技術廠商緊密地聯合起來，以實際業務場景為驅動，協同推進大模型的能力成長和應用閉環。當前，華為已發起的「聯合體」有智慧遙感開源生態聯合體、多模態人工智慧產業聯合體，以及智慧流體力學產業聯合體等。

數位經濟：AIGC的領導力

隨著AIGC技術的不斷成熟，以及其在不同行業的深入應用，我們需要認識到AIGC正在對人們的生產和生活產生越來越大的影響。在以資料要素為核心的數位經濟時代，資料往往伴隨著巨大的生產力，而AIGC作為可以自動化批量生產資料的關鍵技術，也必將佔據更為重要的產業核心地位。

- **數位化轉型，AIGC的未來主戰場**

數位化轉型，是當今任何企業都不得不面對的重要策略議題。所謂數位化轉型，就是透過使用資料資源以及相關的資料科學技術，對業務進行改進和優化，實現產業能力的體系化提升。

數位化是資訊化活動深度發展的必然階段，強調的是使用資料對業務線條進行重塑。在數位化轉型的構想中，數位世界的資

訊活動非常重要，透過資料分析得到的結論將對現實物理世界的業務產生不容忽視的影響。

在數位化轉型工作中，有效的轉型工作既依賴於對資料進行規劃和管理，同時也涉及基於資料進行具體的數位化應用創新。在數位化創新活動中，實現了從業務到資料，再從資料到業務的完整「資訊鏈」閉環——透過機器自動分析資料，從中得到有價值的業務結論，這些結論又反過來指導業務，對業務活動產生影響。

總而言之，關於數位化轉型一個不爭的事實是，數位世界相比於物理世界，具有更高的資訊傳播效率和更低的業務執行阻力，把業務盡可能地「搬家」到數位世界中，讓演算法、模型、資料、服務等技術要素更多地參與到生產實踐中，將是解決很多傳統管理問題的有效思路。

資料就是資產，可以創造出經濟效益。這一點已經成為產業界的共識。越來越多的企業開始抓緊「盤活」可獲得的資料資源，加快發揮出資料要素的價值。在這個過程中，資料系統應用通常是必不可少的。前期的數位化建設中，更多系統應用主要是面向業務流程的自動化，而隨著數位化轉型工作的深入，越來越多的企業開始追求智慧化的解決方案。

AIGC技術的成熟化和普及應用，給企業數位化轉型實踐帶來了非常多有價值的應用落地思路。AIGC技術強大的資訊理解能力、互動能力、內容生成能力，與數位化轉型任務在「降本增

第六章
征途未來：AI經濟與AIGC的新篇章

效」上的基本目標恰好吻合。從AI到AIGC，機器不僅做到了提高業務效率，還實現了對人工作任務的替代。AIGC技術有利於進一步解放人的生產力，讓人脫離於重複、單一、知識價值低的任務，從而「集中精力」開展更有意義的產業活動。

AIGC可以生成的資料類型是多樣的，不僅包括傳統意義上常見的文本、影像、音訊、影片，還包括比較新穎的內容形式，比如代碼、方程式、3D模型，甚至業務流程等。隨著AIGC生成內容的多樣性，企業更多的生產、服務、營運需求，都會不斷地被機器替代有效落實完成。機器之所以能夠「無所不能」，關鍵就在於機器從資料中學到了如何去應對不同類型的任務。

對於C端的泛消費、泛娛樂應用來說，基礎的語言大模型大多已經能夠滿足豐富的應用需求。而對於B端企業數位化轉型的業務來說，則還需要進一步構建起行業「專有」的大模型產品。行業大模型的能力基礎仍然是通用的預訓練大模型，但需要結合行業垂直的知識庫和大規模的產業資料資源聯合優化訓練，推動模型的進一步調整與業務適配。AIGC的意義其實遠不止於開放場景的社交和遊戲，站在產業側來看，基於限定場景的企業數位化需求應用同樣蘊含巨大的商業機遇。

每一次前瞻技術理念的出現，都勢必會在產業各界引起不小的轟動和關注。企業為了獲得持續成長的競爭力，就需要主動擁抱來自新技術的變革。電腦和互聯網的普及，推動了資訊

化；大數據和人工智慧的普及，推動了數位化；而AIGC和預訓練大模型的普及，則將繼續引領產業革命，讓企業邁上智慧化、智慧化的新臺階。

AIGC在表現形式上是新穎的，趣味性和話題性十足，而企業端面對的則是傳統的管理問題和商業問題。新形式能否解決老需求，新技術能否給傳統的企業發展帶來全新的活力，這是每一個轉型中的企業都不得不面對思考的問題。

- **AIGC如何賦能企業數位化轉型**

AIGC對企業數位化轉型的影響是多方面的，能夠激發很多有意義的業務創新應用。下面將介紹一些基於AIGC有價值的產業創新思路，幫助理解AIGC技術推動數位經濟發展的重大意義（見圖6-4）。

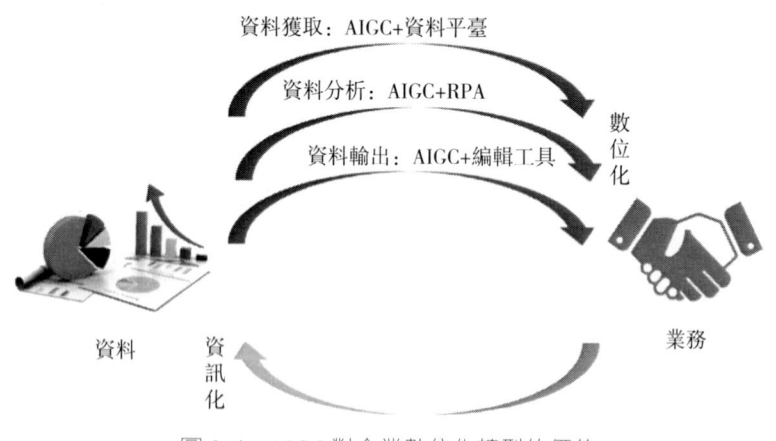

圖6-4　AIGC對企業數位化轉型的價值

從資料獲取的視角看，AIGC對企業的資訊服務能力的提升具有極大的促進作用

ChatGPT出現以來，人們在感嘆它如此類人的互動能力特質的同時，也開始反思，到底能否把資料搜尋平臺也做的像ChatGPT一樣智慧？如果想要使用企業中某個專題的資料資源，不用再去資料平臺上一張一張報表比對著配置資料篩選條件，也不需要親自上手編寫複雜的SQL腳本，從源頭資料庫中人工取數，而只要向「機器人助理」開口提問就好了。

在數位化時代，很多企業其實並不發愁沒有資料，而是苦於找不到合適的資料。「管不好」、「找不到」、「看不懂」、「用不準」，是企業端在業務活動中面對資料資源的通病。如果資料不能被有效獲取，那麼對企業來說，資料則會變成成本而不是資產。有效提高企業內部對資料的獲取能力，需要從多方面展開，除了加強時間和精力的投入進行資料治理外，還需要構建強大的「取數」工具。

當今，構建資料檢索平臺、資料分析平臺，是數位化轉型工作中非常常見的技術實施需求。儘管這方面的系統開發工作開展了不少，但是對不少企業來說，其應用效果仍沒有顯著凸顯。人的資料能力基礎仍然是「制約」數位化轉型的關鍵因素。再好的平臺如果用不起來，還是會形成巨大的資源浪費和管理內耗。

以ChatGPT為代表的語言類AIGC技術，對於資料應用的技術產品形態上，是一項重要的未來突破方向。在AIGC演算法模

型的輔助下，使用者以自然語言的形式提出資料需求，然後交給機器進行深度理解，機器結合資料庫把相關的資料內容進行整合，以易於「閱讀」的方式提交給使用者，完成整個資料需求的回饋閉環。

AIGC技術可以作為一個善解人意的智慧互動介面，把資料搜尋、資料處理的全部技術細節隱藏起來，外在的表現就只是和使用者對接資料需求，然後提交結果。簡單的互動操作可以極大地提高人們使用資料，基於資料開展業務活動，以及進行數位化科學決策的積極性。因為降低了資料獲取的技術門檻，從而真正解決了數位化應用走向使用化的「最後一公里」問題，讓企業中的資料資源真正嵌入到業務迴路。

從資料分析的視角看，AIGC技術除了提高對資料資源應用效率，同時還提高了對技術能力的應用效率

隨著企業在管理水準上的不斷提升，以及業務流程的標準化水準、規範化水準逐漸發展成熟，企業也會配套生成各種自動化的技術應用能力。透過這些自動化應用，可以在一定程度上替代人工完成傳統的業務操作，提高辦公效率。

然而實際情況中，企業使用者對各個軟體系統的使用並不熟悉，跨系統、跨產品的操作會給員工的日常工作帶來很多負擔。為了能夠讓辦公自動化（Office Automation，OA）更加深入落地，可以將機器人流程自動化（Robotic Process Automation，RPA）技術作為一種可靠的解決方案。

有了RPA，機器就可以像普通員工一樣，根據實際的工作需求，自動從各個相關系統中訪問關鍵資料，按照一定的業務邏輯規則，對資料進行比對、分析，得到相應的結論，並配合輸出所需提交成果。

與傳統的OA系統不同，RPA不是單純地進行任務的跟蹤和同步，而是真正代替人執行各項業務操作。RPA銜接各個相關業務系統，其達到的實際效果不是侷限在「單點」的業務數位化，而是面向全環節、全流程的業務數位化。RPA和智慧化資料平臺系統也不太一樣，RPA的功能往往是跨系統、跨平臺的。其目的是代替人來完成重複性較強的業務工作，降低對業務系統功能的調用門檻，幫助企業進一步縮減人力成本。

AIGC的強大內容生成能力，不僅可以產生資料，還可以產生「流程」。AIGC和RPA相結合，將進一步提高企業中業務流程的自動化水準。在理想的情況下，當面對特定任務需求時，員工只要下達指令，機器就可以準確理解任務需求，自動對任務分解，形成自動化操作的業務流程，代替人和各系統的業務功能入口進行資料互動。

圖6-5為ChatGPT和RPA相互融合的一種數位化創新模式。在RPA的助力下，相當於給ChatGPT接上了「四肢」，機器不僅理解了任務，知道怎麼做，並且自動就把任務完成了，把人從大量煩冗的日常事務性工作中徹底解放出來。

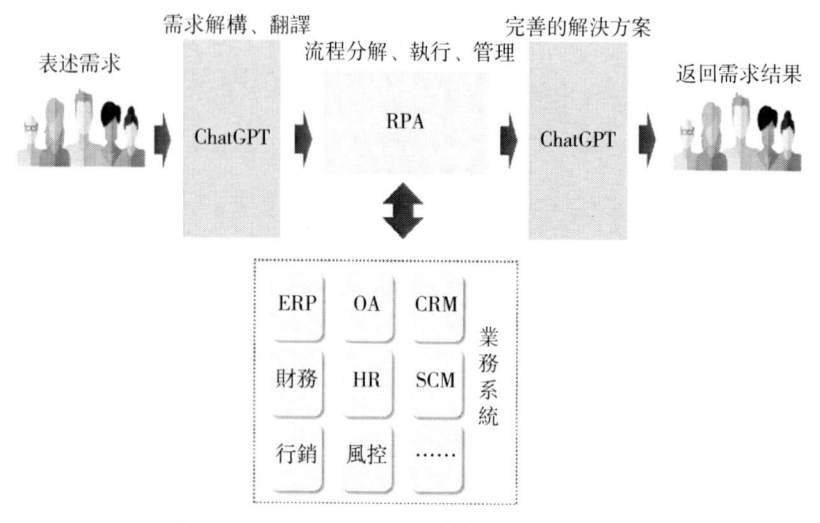

圖6-5　ChatGPT+RPA融合的數位化創新模式

從資料輸出的視角看，AIGC可以提高企業中內容編輯類工作的效率，提高業務人員的綜合資訊產出能力

AIGC技術可以根據使用者的要求生成各式各樣的數位內容，這項功能如果放在大眾消費端，那麼可以生成有趣的影片和頭像，如果放在生產端，則可以代替人來提供不同的資訊生產服務。在文創、廣告、遊戲等行業，AIGC技術已經得到了普遍深入的應用。不僅如此，在企業數位化轉型的任務中，AIGC還可以代替人進行各種文字材料的編輯工作，提高業務人員總體的資訊產出效率。

對於資訊編輯類工作，像ChatGPT這種語言類的大模型應用，可以達到一種「柔性」模板的技術應用效果。很多「常規化」「範式化」的文字都可以透過ChatGPT的智慧模組自動生成。

第六章
征途未來：AI經濟與AIGC的新篇章

ChatGPT的模型訓練，背後依賴於大量的語言資料的支援，因此ChatGPT產生的文字品質相對較高，在對生成資訊的細節邏輯性要求不太高的情況下，演算法提供的文字片段可以輔助使用者進行文字生產。如果能夠將ChatGPT活學活用，ChatGPT完全可以成為一個優秀的文字祕書，讓「寫材料」不再是令人頭疼的事。

未來，一種典型的基於AIGC進行文字內容創作的方式或許是這樣的：

首先，使用者確定需要撰寫的內容標題，之後給ChatGPT下達寫作任務，接著ChatGPT對寫作需求進行準確理解，並透過大模型演算法自動產生相應的文本資訊片段。使用者得到機器回饋的「初稿」，發現文字總體上可用，但是細節上需要完善，缺少部分邏輯性和核心觀點。使用者以機器自動生成的文本為基礎，進行文字的二次加工和修改，得到最終高品質、有價值的文字內容。在整個內容創作過程中，機器主要負責文字的生產，而人則負責提供「好」的想法，共同合作完成文章撰寫的任務。

除了以上提到的幾個創新方面，AIGC對企業數位化轉型的啟發意義重大。依賴於產業大模型的AIGC技術能夠提升人機互動效率、促進內容合成、加速資訊融合，同時有效提高企業對資料的應用水準和基於資料的資訊服務水準。

從MIS到AI，從AI再到AIGC，企業基於電腦技術的創新能力不斷攀升，對智慧化應用的理解以及應用方式也逐漸加深。同時，隨著大模型的普及，企業能夠以更低的成本獲取到融合了巨

量資料與寶貴知識的最前沿的資料科學成果，並將其用於複雜的生產實踐活動中。不管是對於商業模式創新，還是面向降本增效，AIGC都是未來非常關鍵的技術發展與應用趨勢。

相信AIGC技術將伴隨著企業數位化的浪潮，推動數位經濟繁榮發展，並在下一個十年創造出更多與AI有關的奇蹟！

AIGC 新紀元，洞察 ChatGPT 與 AI 產業革命：

類神經 × 自適應 × 深度學習 × 資訊串流，人機高度協作，AI 應用全面升級

作　　者：	劉通，陳夢曦
發 行 人：	黃振庭
出 版 者：	沐燁文化事業有限公司
發 行 者：	崧燁文化事業有限公司
E - m a i l：	sonbookservice@gmail.com
粉 絲 頁：	https://www.facebook.com/sonbookss/
網　　址：	https://sonbook.net/
地　　址：	台北市中正區重慶南路一段 61 號 8 樓 8F., No.61, Sec. 1, Chongqing S. Rd., Zhongzheng Dist., Taipei City 100, Taiwan
電　　話：	(02)2370-3310
傳　　真：	(02)2388-1990
印　　刷：	京峯數位服務有限公司
律師顧問：	廣華律師事務所 張珮琦律師

版權聲明

本書版權為中國經濟出版社所有授權沐燁文化事業有限公司獨家發行電子書及繁體書繁體字版。若有其他相關權利及授權需求請與本公司聯繫。

未經書面許可，不可複製、發行。

定　　價：350 元
發行日期：2025 年 02 月第一版
◎本書以 POD 印製

國家圖書館出版品預行編目資料

AIGC 新紀元，洞察 ChatGPT 與 AI 產業革命：類神經 × 自適應 × 深度學習 × 資訊串流，人機高度協作，AI 應用全面升級 / 劉通，陳夢曦 著 . -- 第一版 . -- 臺北市：沐燁文化事業有限公司 , 2025.02
面；　公分
POD 版
ISBN 978-626-7628-56-0(平裝)
1.CST: 人工智慧 2.CST: 機器學習 3.CST: 產業發展
312.83　　　　114001422

電子書購買

爽讀 APP　　　臉書